essentials

Mischa Seiter • Marc Rusch
Christopher Stanik

Maritime Dienstleistungen

Potenziale und Herausforderungen
im Betrieb von Offshore-Windparks

Prof. Dr. Mischa Seiter
IPRI
Stuttgart
Deutschland

Marc Rusch M.Sc.
IPRI
Stuttgart
Deutschland

Dipl.-Ing. Christopher Stanik
Technische Universität Berlin
Berlin
Deutschland

ISSN 2197-6708
essentials
ISBN 978-3-658-09046-3
DOI 10.1007/978-3-658-09047-0

ISSN 2197-6716 (electronic)

ISBN 978-3-658-09047-0 (eBook)

Die Deutsche Nationalbibliothek verzeichnet diese Publikation in der Deutschen Nationalbibliografie; detaillierte bibliografische Daten sind im Internet über http://dnb.d-nb.de abrufbar.

Springer Gabler

Gedruckt auf säurefreiem und chlorfrei gebleichtem Papier

Springer Fachmedien Wiesbaden ist Teil der Fachverlagsgruppe Springer Science+Business Media
(www.springer.com)

Vorwort

Die Energiewende und der damit verbundene **Ausbau der Offshore-Windenergie bringen große Chancen für Unternehmen der maritimen Industrie**, sich durch das Angebot industrieller Dienstleistungen am Markt zu differenzieren. Eine solche Differenzierung führt zu einer verbesserten Wettbewerbssituation sowohl im nationalen als auch im internationalen Wettbewerb.

In diesem Essential zeigen wir, wie **Werften und Reedereien sowie deren Zulieferer** ein eigenes Dienstleistungsgeschäft innerhalb der Offshore-Windenergiebranche aufbauen können. Dabei beschreiben wir Potenziale für die genannten Unternehmen und zeigen potenzielle Herausforderungen und Lösungsansätze auf.

Wir legen hierbei den Fokus auf **drei Schwerpunkte**. Wir identifizieren die Dienstleistungspotenziale während des Betriebs von Offshore-Windenergieanlagen. Wir zeigen, welche Kompetenzen und Ressourcen Unternehmen benötigen, um diese Dienstleistungen anzubieten und schließlich wie der Aufbau des Dienstleistungsgeschäfts gesteuert werden kann.

Wir richten uns mit diesem Buch an die **Geschäftsführer der oben genannten Unternehmen der maritimen Industrie**, die neue Geschäftsfelder erschließen wollen. Das hier beschriebene Vorgehen zum Aufbau des Dienstleistungsgeschäfts bietet eine valide Basis zur Identifikation von Markteintrittsstrategien im Offshore-Windparkbetrieb.

Dieses Essential verwendet Ergebnisse aus dem Forschungsprojekt „Offshore-Solutions – Dienstleistungspotenziale von Werften und Reedereien als Lösungsanbieter während des Betriebs von Offshore Windparks". Das Projekt wurde vom Fachgebiet Entwurf und Betrieb Maritimer Systeme (EBMS) der TU Berlin und der IPRI – International Performance Research Institute gGmbH bearbeitet.

Wir würden uns freuen, wenn Sie mit Anregungen, Kritik, Diskussionspunkten etc. auf uns zukommen. Verwenden Sie hierzu gerne die folgende E-Mail-Adresse: Mischa.Seiter@uni-ulm.de.

Förderhinweis:

Das IGF-Vorhaben 394 ZN der Forschungsvereinigung Center of Maritime Technologies e. V. – CMT, Bramfelder Straße 164, 22305 Hamburg wurde über die AiF im Rahmen des Programms zur Förderung der industriellen Gemeinschaftsforschung und -entwicklung (IGF) vom Bundesministerium für Wirtschaft und Energie aufgrund eines Beschlusses des Deutschen Bundestages gefördert.

Für die Förderung sowie die Betreuung durch die Forschungsvereinigung Center of Maritime Technologies e. V. möchten sich die Autoren an dieser Stelle bedanken.

Gefördert durch:

Inhaltsverzeichnis

Offshore-Windenergiebranche als Markt für Unternehmen der maritimen Industrie

1

Energiewende als Chance

International besteht ein **klarer Trend hin zur Energiegewinnung aus erneuerbaren Energien** und einem damit verbundenen Austritt aus der Kernenergie. Laut dem Erneuerbaren-Energien-Gesetz soll der Anteil erneuerbarer Energien am Energiemix in Deutschland auf 40 bis 45 % bis zum Jahr 2025 bzw. auf 55 bis 60 % bis zum Jahr 2035 gesteigert werden. Hierdurch kann im Jahr 2050 insgesamt 80 % des Bruttostromverbrauchs aus Erneuerbaren Energien erzeugt werden (EEG 2014, § 1 (2)). Der größte Teil der erneuerbaren Energie soll aus Windkraft gewonnen werden.

Die Energiewende stellt für viele Branchen eine Chance dar, um neue Geschäftsfelder zu erschließen. Durch den Aufbau von Offshore-Windenergieanlagen in der Nord- und Ostsee entstehen neue Märkte, die Unternehmen als Chance zur Diversifizierung nutzen können. Insbesondere **Unternehmen der maritimen Industrie wie Werften und Reedereien sowie deren Zulieferer** sind aufgrund ihres vorhandenen Spezialwissens sowie maritimer Spezialfahrzeuge und -werkzeuge dazu prädestiniert, in den Offshore-Windenergiemarkt einzutreten (Rusch 2014; Holbach und Stanik 2012a).

Neben dem Aufbau von Offshore-Windparks eignet sich die Kompetenz der genannten Unternehmen vor allem auch, um industrielle Dienstleistungen im Rahmen der Betriebsphase zu erbringen. Dies deckt sich mit dem allgemeinen Trend, dass produzierende **Unternehmen neben ihrem Produktgeschäft zunehmend auch industrielle Dienstleistungen anbieten**, um sich von Wettbewerbern zu differenzieren (Horváth und Seiter 2012).

© Springer Fachmedien Wiesbaden 2015
M. Seiter et al., *Maritime Dienstleistungen,* essentials,
DOI 10.1007/978-3-658-09047-0_1

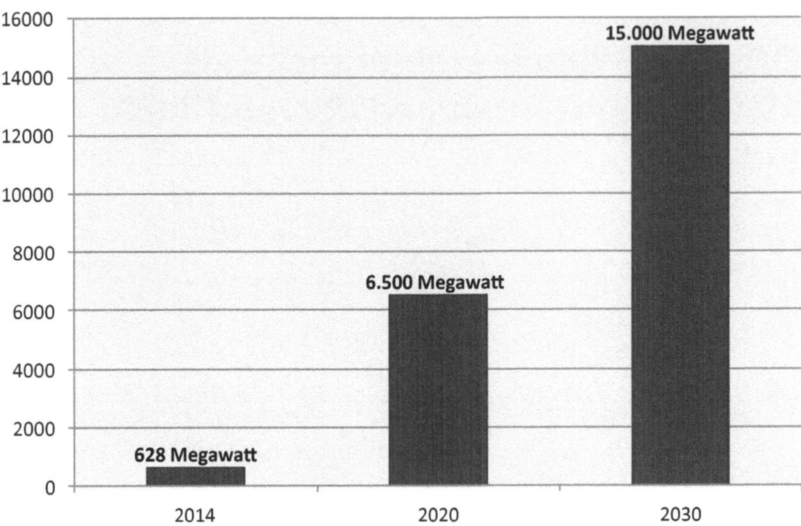

Abb. 1.1 Ausbau der Offshore-Windenergie in Deutschland (in Megawatt)

Warum aber der Fokus auf die **Betriebsphase**: Mit 20 bis 25 Jahren stellt sie den **längsten Abschnitt des Lebenszyklus** der Anlagen dar und bietet somit die Möglichkeit zu langfristigen Erträgen. Während dem Betrieb werden kontinuierlich industrielle Dienstleistungen benötigt, um die Energieversorgung aufrecht zu erhalten. Es fallen vor allem Wartungen, Reparaturen und damit verbundene Material- und Personaltransporte an. Hieraus ergibt sich für Unternehmen der maritimen Industrie die Möglichkeit, industrielle Dienstleistungen an die Windparkbetreiber zu verkaufen.

Die Bedeutung der Offshore-Windenergie für den deutschen Energiemix
Für Europa und insbesondere für Deutschland wird die Offshore-Windenergie immer mehr zu einem wichtigen Bestandteil der Energiewende. Allein in der deutschen Ausschließlichen Wirtschaftszone sollen Offshore-Windparks mit einer Leistung von 6500 MW bis 2020 bzw. 15.000 MW bis 2030 ausgebaut werden (EEG 2014, § 3 (2)). Derzeit sind rund 628 Megawatt Leitung am Netz (Lüers et al. 2014, S. 1). Für den geplanten Ausbaupfad müssten sich einerseits die derzeitige Leistung der Offshore-Windparks bis 2020 verzehnfachen und nach 2020 **jährlich zwei Windparks mit einer Leistung von 400 MW** installiert werden. Dies entspricht in etwa 80 Windenergieanlagen mit jeweils 5 MW pro Windpark. Der Ausbau der Offshore-Windenergie in Deutschland ist in Abb. 1.1 dargestellt.

Aufgrund der **großen Anzahl an Windenergieanlagen** stellt neben dem Aufbau vor allem die Betriebsphase eine große Herausforderung an Windparkbetreiber dar. Die Koordination der industriellen Dienstleistungen ist besonders dann eine Herausforderung, wenn Windparkbetreiber mehrere Windparks gleichzeitig versorgen müssen. Für sie besteht die Möglichkeit, bestimmte Prozesse innerhalb der Betriebsphase an externe Anbieter zu vergeben. Hierfür kommen in erster Linie industrielle Dienstleistungen wie Transport oder Wartung und Reparatur in Frage.

Die Rolle der Unternehmen der maritimen Industrie in der Energiewende
Der Trend eines zunehmenden Angebots von industriellen Dienstleistungen ist vor allem bei kleinen und mittelständischen Unternehmen der maritimen Industrie zu beobachten. Sie bieten verstärkt industrielle Dienstleistungen an, um sich am Markt zu differenzieren und um sich gegen internationale Wettbewerber im weltweiten Schiffbau zu rüsten. Dabei steht kleinen und mittelständischen Unternehmen der maritimen Industrie **eine Vielzahl an potenziellen industriellen Dienstleistungen** zur Verfügung, die sie während des Betriebs von Offshore-Windparks anbieten können. Eine solche Differenzierung wird immer wichtiger, da insbesondere Konkurrenten aus Asien zunehmend günstiger produzieren und dadurch große Marktanteile gewinnen können. Im Vergleich hierzu haben vor allem deutsche Unternehmen deutliche Kostennachteile und eine dadurch vergleichsweise schlechtere Wettbewerbsposition.

Hierbei ist die besondere **Rolle der kleinen und mittelständischen Unternehmen in der maritimen Industrie** herauszustellen. Aufgrund ihres hohen Maßes an spezialisiertem Wissen sind kleine und mittelständische Unternehmen gegenüber Großunternehmen der maritimen Industrie besonders innovationsfähig und gelten generell für die gesamte Branche als beschäftigungsschaffend (Bass und Ernst-Siebert 2007, S. 20). Allerdings bereiten hohe Investitionskosten und fehlender Zugang zu Fremdkapital gerade den kleinen und mittelständischen Unternehmen Probleme, die oftmals zu einem Scheitern am Markt führen. Unter dieser Betrachtung erscheint das weniger kapitalintensive Angebot von industriellen Dienstleistungen insbesondere für diese Unternehmen überlebenswichtig, um gegen die starke Konkurrenz zu bestehen.

Viele **Werften, Reedereien und Zulieferer von Werften und Reedereien** in der deutschen maritimen Industrie sind kleine und mittlere Unternehmen. In Deutschland existieren rund 130 Werften sowie über 2700 maritime Zulieferer (VSM 2014, S. 7). Desweiteren existieren in Deutschland rund 380 Reedereien (VDR 2014, S. 28). Die Struktur der maritimen Industrie ist prozentual in Abb. 1.2 dargestellt.

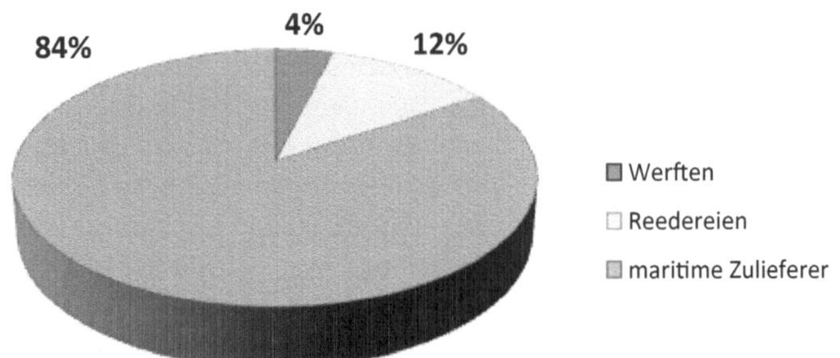

Abb. 1.2 Struktur der maritimen Industrie (nach Anzahl der Unternehmen)

Arbeiten an Offshore-Windenergieanlagen sind vielseitiger, komplexer und somit auch aufwändiger als Arbeiten an Onshore-Windenergieanlagen. Dies ist für viele unabhängige Dienstleister eine Eintrittsbarriere in den Offshore-Windenergiemarkt. Die größte Schwierigkeit stellt die große seeseitige Entfernung zur Küste dar, die für deutsche Offshore-Windenergieanlagen im Durchschnitt 66 km beträgt (Berkhout et al. 2013, S. 48). Auch die bei steigender Entfernung zunehmenden Wassertiefen erschweren die Arbeit erheblich. Diese betragen für deutsche Offshore-Windparks im Durchschnitt rund 31 m (Berkhout et al. 2013, S. 48). Zusätzlich stehen für Wartungsarbeiten aufgrund von schlechten Wetterverhältnissen auf See nur bestimmte jährliche Einsatzfenster zur Verfügung, in denen Schiffe und Helikopter für Offshore-Einsätze verwendet werden können (Holbach und Stanik 2012b). Im Vergleich hierzu sind Wartungsarbeiten bei Onshore-Anlagen zu fast jeder Zeit möglich. Für die Durchführung industrieller Dienstleistungen auf See sind vor allem Spezialfahrzeuge und Spezialwerkzeuge aber auch Erfahrungen zu Offshore-Einsätzen notwendig, die bisher nicht von unabhängigen Dienstleistern allein dargestellt werden können.

Die Versorgung von Offshore-Windenergieanlagen während des Betriebs setzt somit eine Vielzahl an industriellen Dienstleistungen voraus. Für die Betreiber der Offshore-Windenergieanlagen wäre ein ganzheitliches Angebot aller relevanten Dienstleistungen durch einen einzelnen Anbieter wünschenswert. Dies würde den Koordinationsaufwand für die Betreiber deutlich reduzieren, insbesondere wenn sie mehrere Windparks parallel zueinander versorgen müssen. **Derzeit existieren jedoch keine Lösungsanbieter**, die alle für den Betrieb von Offshore-Windenergieanlagen relevanten Dienstleistungen aus einer Hand anbieten (Engelmann 2011). Für Werften und Reedereien sowie deren Zulieferer besteht hier ein **großes Weiterentwicklungspotenzial** im Offshore-Windenergiemarkt. Diese Unternehmen verfügen über umfangreiche Erfahrungen mit Arbeiten auf See und die dazu benötigten Fahrzeuge und Werkzeuge (Holbach und Stanik 2012a).

Durch die bereits vorhandenen Kompetenzen und Ressourcen von Werften, Reedereien und deren Zulieferern bietet sich die **Weiterentwicklung zu Teil- oder Gesamtlösungsanbietern** in diesem Markt an. Insbesondere können sie ihre Standortvorteile im Raum Deutschland nutzen, um industrielle Dienstleistungen für deutsche Windparks in der Nord- und Ostsee anzubieten. Das zusätzliche Angebot maritimer Dienstleistungen für die Offshore-Windenergiebranche kann ebenso potenziell zu einer Verstetigung der Umsätze und als Dämpfer in umsatzschwachen Jahren dienlich sein. Allerdings gehören viele industrielle Dienstleistungen nicht zwangsläufig zum traditionellen Geschäft der Unternehmen der maritimen Industrie.

Traditionell baut eine **Werft** Boote, Schiffe und Plattformen. Zusätzlich werden oft Dienstleistungen wie Reparatur- und Wartungsarbeiten an diesen angeboten. Um sich im Offshore-Windenergiemarkt als Lösungsanbieter positionieren zu können, müssen sich Werften vertieftes Wissen über die Offshore-Windenergiebranche aneignen. Dieses Wissen ist erforderlich, um beispielsweise das bestmögliche Schiff für einen gegebenen Arbeitsauftrag in der Offshore-Windenergiebranche zu entwerfen oder die gesammelten Erfahrungen aus der Schiffsinstandhaltung auf Offshore-Anlagen transferieren zu können.

Das traditionelle Geschäft einer **Reederei** ist der Schiffsbetrieb. Typische Dienstleistungen einer Reederei sind Personen- und Materialtransporte. Erfahrungen mit dem Transport von Großkomponenten sind zwar im Heavy-Lift Markt etabliert, für Offshore-Windenergieanlagen sind diese in der Regel noch ausbaufähig. Auch gehören Dienstleistungen wie Wartungs- oder Reparaturarbeiten an Anlagen nicht zum traditionellen Dienstleistungsgeschäft von Reedereien. Hier ist ebenfalls ein tiefes Verständnis über die Branche notwendig, um sich im Offshore-Windenergiemarkt als Lösungsanbieter aufstellen zu können. Reedereien brauchen dieses Verständnis beispielsweise, um einer Werft die Eigenschaften benötigter Spezialschiffe für Offshore-Windenergieanlagen spezifizieren zu können.

Zulieferer von Werften und Reedereien entwerfen und bauen in erster Linie Spezialsysteme, Spezialkomponenten und Spezialteile für Schiffe. Deutsche Zulieferer verfügen über technisches Know-How, das der Windenergiebranche einen deutlichen Wettbewerbsvorteil einbringen kann. Es besteht das Potenzial, eben diesen Wettbewerbsvorteil zu marktfähigen Dienstleistungsangeboten für die Offshore-Windenergiebranche zu nutzen. Branchenspezifisches Wissen ist im Falle der Zulieferer erforderlich, um Aufträge von Werften und Reedereien innerhalb des Offshore-Windenergiemarkts erfüllen zu können.

Die **Kompetenzen und Ressourcen** der maritimen Industrie können insgesamt weiterentwickelt werden, damit sich die Unternehmen in der Offshore-Windenergiebranche positionieren können. Das Angebot aller für den Betrieb der

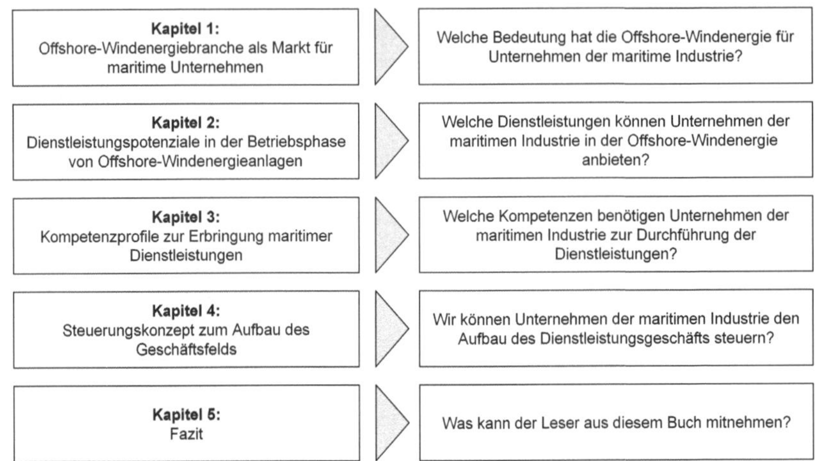

Abb. 1.3 Aufbau dieses Buches

Offshore-Windparks relevanten Dienstleistungen durch einen einzelnen Anbieter erscheint jedoch unrealistisch. Hierfür sind die benötigten Kompetenzen und Ressourcen für einzelne Unternehmen der maritimen Industrie zu vielseitig und zu spezifisch. Gleichzeitig ist das Angebot aller relevanten Dienstleistungen für einen einzelnen Anbieter zu komplex. Vielmehr kann durch kompetenzorientierte Anbieterkonstellationen verschiedener Unternehmen ein vollständiges Dienstleistungsangebot für Offshore-Windparks erbracht werden. Hierzu muss sich jedes Unternehmen auf seine eigenen Kompetenzen und Ressourcen beruhen und geeignete industrielle Dienstleistungen anbieten.

Die **zusätzliche Erlösquelle im Dienstleistungsmarkt** kann Unternehmen der maritimen Industrie bei der Unternehmenssicherung erheblich unterstützen. Insbesondere für kleine und mittelständische Unternehmen bietet sich hierdurch die Möglichkeit, sich durch neue Geschäftsfelder ein zweites Standbein aufzubauen. Gerade in umsatzschwachen Jahren des traditionellen Produktgeschäfts kann dadurch ein stetiger Gewinn erzeugt werden. Hierfür benötigen Werften, Reedereien und Zulieferer ein Vorgehen, ihr Dienstleistungsgeschäft schrittweise aufzubauen.

Was Sie in diesem Buch lernen

Der Aufbau dieses Buches ist in Abb. 1.3 dargestellt.

Kapitel 2 beinhaltet eine ausführliche Beschreibung der **Dienstleistungspotenziale** in der Betriebsphase von Offshore-Windenergieanlagen. Dabei beschreiben wir jede einzelne Dienstleistung im Detail und diskutieren die jeweiligen Marktpotenziale für Unternehmen der maritimen Industrie, die sich aus dem Angebot der Dienstleistungen ergeben. Dies können kleine und mittelständische Unternehmen der maritimen Industrie als Grundlage nutzen, um ihr **Dienstleistungsportfolio** zu gestalten.

In Kap. 3 zeigen wir, welche **Kompetenzen** Unternehmen der maritimen Industrie benötigen, um die Dienstleistungen durchzuführen. Wir geben eine Systematik vor, mit der Sie Ihre Unternehmenskompetenzen auf die Durchführung der Dienstleistungen hin bewerten können. Aufbauend auf dieser Analyse kann das Angebot des Dienstleistungsportfolios konkret geplant und umgesetzt werden.

In Kap. 4 zeigen wir, wie der Aufbau des Dienstleistungsgeschäfts in den Unternehmen gesteuert werden kann. Als **Steuerungsinstrument** schlagen wir eine modifizierte Balanced Scorecard vor. Im Rahmen dessen definieren wir strategische Ziele, Kennzahlen und mögliche Maßnahmen für Werften, Reedereien und deren Zulieferer. Das Buch endet in Kap. 5 mit einem zusammenfassenden **Fazit**.

Dienstleistungspotenziale in der Betriebsphase von Offshore-Windenergieanlagen

2

2.1 Potenzielle Dienstleistungen während des Betriebs von Offshore-Windenergieanlagen

Zur Analyse der Dienstleistungspotenziale in der maritimen Industrie haben wir den Betrieb der Offshore-Windenergieanlagen analysiert. Dabei haben wir **acht industrielle Dienstleistungsgruppen in der Betriebsphase der Offshore-Windparks identifiziert**: Weiterentwicklung, Materialtransport, Personentransport, Personenunterbringung, Materialbevorratung, Wartung und Reparatur, Begutachtung sowie Safety und Security (Stanik et al. 2013a). Jede Dienstleistungsgruppe besteht dabei aus unterschiedlichen industriellen Dienstleistungen. Eine Übersicht ist in Abb. 2.1 dargestellt.

Insgesamt haben wir damit 21 industrielle Dienstleistungen identifiziert, die Werften, Reedereien und deren Zulieferer während des Betriebs von Offshore-Windenergieanlagen durchführen können. Das erwartete Marktpotenzial für das Angebot von diesen industriellen Dienstleistungen liegt bis zum Jahr 2020 bei etwa 800 Mio. € p.a. (THB 2013, S. 3). Die Dienstleistungen Wartung- und Reparatur sowie Material- bzw. Personentransport bieten mit etwa 75 % des Gesamtmarktpotenzials (also 600 Mio. € p.a.) **das größte Marktpotenzial** im Betrieb von Offshore-Windparks (Stanik und Holbach 2013).

Wie wir bereits diskutiert haben, ist es nicht realistisch, dass ein einzelnes Unternehmen alle Dienstleistungen anbietet. Vielmehr sollten sich Unternehmen der maritimen Industrie auf die Dienstleistungen fokussieren, die das größte Potenzial bieten und für die das jeweilige Unternehmen die nötigen Kompetenzen und

© Springer Fachmedien Wiesbaden 2015
M. Seiter et al., *Maritime Dienstleistungen, essentials*,
DOI 10.1007/978-3-658-09047-0_2

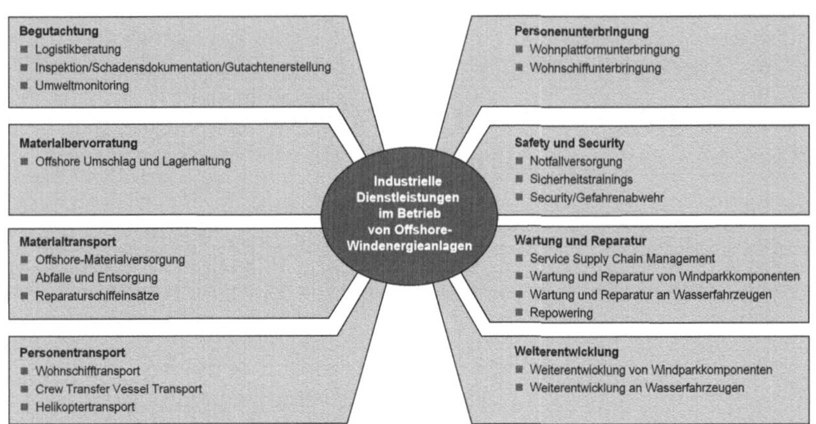

Abb. 2.1 Dienstleistungsbedarfe während des Offshore-Windparkbetriebs

Ressourcen besitzt. Hierfür ist es unerlässlich, dass die Unternehmen **die Inhalte jeder potenziellen Dienstleistung** komplett verstehen. Im nächsten Abschnitt beschreiben wir alle Dienstleistungen im Detail.

2.2 Maritime Dienstleistungen im Detail

Dienstleistungsgruppe Weiterentwicklung
Die Dienstleistungsgruppe **Weiterentwicklung** besteht aus den Dienstleistungen Weiterentwicklung von Windparkkomponenten und Weiterentwicklung an Wasserfahrzeugen. Im Zuge des technologischen Fortschritts ändern sich auch die Anforderungen der Windparkbetreiber an Dienstleister kontinuierlich. Diese Anforderungen müssen von Werften, Reedereien und deren Zulieferern bei der Durchführung der Dienstleistungen berücksichtigt werden.

Windenergieanlagen werden ständig weiterentwickelt, da immer größere Anlagen benötigt werden, die mehr Strom erzeugen. Zudem werden diese in immer größere Küstenentfernungen aufgestellt. Je weiter Anlagen von der Küste entfernt platziert werden, desto größer ist auch die Meerestiefe und desto schlechter sind die Wetterbedingungen. Die einzelnen Systeme, Komponenten und Teile der Offshore-Windenergieanlagen müssen an diese unterschiedlichen Anforderungen angepasst werden. Offshore-Windenergieanlagen bestehen aus den Hauptsystemen Rotor, Gondel, Turm und dem Fundament, die sich jeweils wieder in Komponenten und Einzelteile aufspalten lassen.

Aufgrund des technischen Fortschritts und der immer größer werdenden Offshore-Windenergieanlagen sind auch **Wasserfahrzeuge** ständig weiterzuentwickeln. Diese werden für Arbeiten an den Anlagen und zum Transport von Personal und Material verwendet. Insbesondere die wetterbedingten Einflussfaktoren für die Durchführung von Offshore-Einsätzen stellen hierbei eine Herausforderung für Schiffskonstrukteure dar. Auch einzelne Schiffssysteme müssen weiterentwickelt werden, damit sie neue Anforderungen erfüllen. Beispiele für solche Schiffssysteme sind das Materialtransfersystem, das Überstiegsystem für Personal oder das Antriebssystem.

Dienstleistungsgruppe Materialtransport

Der Dienstleistungsgruppe **Materialtransport** sind die Dienstleistungen Offshore-Materialversorgung und -entsorgung sowie Reparaturschiffeinsätze zugeordnet. Die tägliche Versorgung der Offshore-Windparks mit Material ist im Betrieb unerlässlich. Dies ist notwendig, um planmäßige und unplanmäßige Reparatur- und Wartungsarbeiten zu ermöglichen.

Je nach Größe der Offshore-Windenergieanlage, ihrer Entfernung zur Küste sowie dem zugrunde gelegten Service- und Versorgungskonzept, werden unterschiedliche Transportfahrzeuge für die **Offshore-Materialversorgung** eingesetzt (Stanik et al. 2013b). Diese Transportfahrzeuge unterscheiden sich in ihrer Größe und Leistungsfähigkeit. Je nach Offshore-Windpark werden weiterhin Ersatzteile in unterschiedlicher Größe und unterschiedlicher Anzahl benötigt. Der Transport von Kleinteilen und bis zu zwei 10′ Containern kann über kleinere Transportfahrzeuge wie Crew Transfer Vessels erfolgen. Auch der Transport von Lebensmitteln ist Teil der Materialversorgung. Dieser ist für küstenferne Offshore-Windparks regelmäßig zu gewährleisten, da Personal in den Windparks über mehrere Tage stationiert ist. Bei einer größeren Anzahl von Containern und bei mittelgroßen Komponenten, die noch von einem Turbinen- oder Plattformkran aufgenommen werden können, wird ein Offshore-Versorgungsschiff eingesetzt. Die Anbieter dieser Dienstleistung müssen demnach die spezifischen Anforderungen unterschiedlicher Materialien bei der Durchführung berücksichtigen.

Auch die **Entsorgung** von Verschleißmaterialien und Abfällen ist Teil des Materialtransports. Diese werden vom Offshore-Windpark in einen Service-Hafen transportiert. Die Entsorgung wird in der Regel im Rücklauf der Materialversorgung durchgeführt. Der Transport von Abfall umfasst den Abtransport von Dreckwäsche, Abwässern, Müll und Altölen von Offshore-Windenergieanlagen und Wasserfahrzeugen.

Beim Betrieb von Offshore-Windparks kommt es vor, dass Großkomponenten der Anlagen gewechselt werden müssen. Hierzu zählen Beispielsweise Rotorblätter oder die Gondel. Je nach Beanspruchung und Verschleiß müssen diese in unterschiedlichen Intervallen planmäßig aber auch unplanmäßig ausgetauscht werden. Für den Austausch von Großkomponenten muss auf ein **Reparaturschiff** mit bordseitigem Schwerlastkran zurückgegriffen werden. Dieses ist als Jack-Up Vessel konzipiert und kann durch den Jacking-Vorgang standhaft auf dem Meeresboden platziert werden. Dies ist zwar aufwändig, aber notwendig, da sonst bei bordseitigen Kranaktivitäten zu große Schwankungen auf See entstehen würden. Hierdurch würden Großkomponenten nicht sicher montiert oder demontiert werden können. Die Jacking-Vorgänge sind nur bis zu einem bestimmten Seegang durchführbar. Auch die Kranaktivitäten finden in Abhängigkeit von der vorherrschenden Windgeschwindigkeit statt. Bei weitaus geringerem Seegang ließe sich zwar ein Kranschiff einsetzen, so dass aufwendige Jacking-Vorgänge eingespart werden können. Die jährlichen Wetterfenster, die solch einen Kranschiff-Einsatz ermöglichen, sind jedoch sehr begrenzt und konzentrieren sich überwiegend nur auf die Sommermonate.

Dienstleistungsgruppe Personentransport
Die Dienstleistungsgruppe **Personentransport** unterteilt sich in die Dienstleistungen Crew Transfer Vessel Transport, Helikoptertransport und Wohnschifftransport. Für die Durchführung von planmäßigen und unplanmäßigen Wartungs- und Reparaturarbeiten wird neben Material auch das entsprechende Personal benötigt, welches zu den Offshore-Windenergieanlagen transportiert und auf diese oder von diesen zur Arbeitsdurchführung transferiert werden muss.

Personal kann von der Küste über **Crew Transfer Vessels** zu küstennahen Offshore-Windparks transportiert werden. Für küstenferne Offshore-Windparks ist der tägliche Transport von Personal mit Crew Transfer Vessels zwischen Servicehafen und Offshore-Windpark zu kostspielig und zeitaufwändig. Insbesondere für Servicetechniker bleibt hierbei zu wenig Zeit, um Wartungs- und Reparaturarbeiten vollständig durchzuführen. In diesem Fall können Personen im Windpark untergebracht werden. Größere Schiffe mit mehr Kapazitäten (z. B. Offshore-Versorgungsschiffe) oder Helikopter können dann das Personal im Off-/On-Schichtwechsel in einem Zyklus von 1–2 Wochen rotieren lassen (Crew-Change). Bei einer Unterbringung des Personals auf einem Wohnschiff oder einer Wohnplattform können die Servicetechniker dann in Form von Feederverkehren der Crew Transfer Vessels auf die einzelnen Offshore-Windenergieanlagen verteilt werden (Stanik et al. 2013b).

Eine Weitere Möglichkeit zum Transport von Personal zu Offshore-Windparks ist der **Einsatz von Helikoptern**. Das Versetzen von Personen auf die Offshore-Windenergieanlagen erfolgt per Winde. Der Vorteil an Helikoptern ist, dass sie auch bei schlechten Wetterbedingungen eingesetzt werden können, während der Einsatz von Schiffen bei zu hohen Wellen kaum noch möglich ist. Beschränkungen im Einsatz von Helikoptern sind lediglich sehr starker Nebel, Eisansatz an den Rotorblättern und eine zu hohe Windstärke. Der Nachteil an Helikoptern ist vor allem das Auftreten hoher Kosten während des Betriebs. Die Transportkosten der Helikopter sind in der Regel sehr viel höher als jene, die durch den Schiffseinsatz entstehen. Wird ein Helikopter stationär im Offshore-Windpark vorgehalten, wird zudem ein Hangar und zertifiziertes Wartungspersonal im Offshore-Windpark benötigt. Desweiteren muss die Möglichkeit des Bunkerns von Treibstoff für den Helikopter im Offshore-Windpark gewährleistet sein. Auch muss für den stationären Helikoptereinsatz eine Vorhaltepauschale an den Helikopterbetreiber geleistet werden.

Als dritte Möglichkeit kann auch ein **Wohnschiff** für den Transport von Personal verwendet werden. Grundsätzlich dient das Wohnschiff in erster Linie zur Personenunterbringung, wie wir weiter unten beschreiben. Über das Wohnschiff ist ein direkter Überstieg zu Offshore-Anlagen mit Hilfe einer Transferbrücke möglich. Als Wohn- und Wartungsschiff konzipiert, kann es ebenso einzelne Anlagen anfahren und Instandhaltungsaufgaben ausführen sowie als schwimmendes Lager Materialbevorratungsaufgaben übernehmen. Der Nachteil gegenüber den anderen Personentransportmitteln ist, dass das Wohnschiff aufgrund seiner Größe nicht so flexibel eingesetzt werden kann, wie Crew Transfer Vessels oder Helikopter. Es empfiehlt sich von daher, das Wohnschiff als Mutterschiff zu konzipieren und mit Helikoptern und CTVs in der Feinverteilung zu verbinden (BWE-Markübersicht spezial 2010).

Dienstleistung Personenunterbringung
Die Dienstleistungsgruppe **Personenunterbringung** umfasst die Dienstleistungen Wohnschiffunterbringung und Wohnplattformunterbringung. Insbesondere für küstenferne Offshore-Windparks ist eine Unterbringung des Personals im Windpark erforderlich. Nur so kann eine regelmäßige Versorgung der Offshore-Windenergieanlagen durch das Personal gewährleistet werden.

Die Unterbringung von Personen im Offshore-Windpark kann über eine **Wohnplattform** erfolgen. Die Wohnplattform ist eine fixe, windparkinterne Plattform mit fester Gründungsstruktur. Im Betrieb der Wohnplattform muss diese beispielsweise mit Kraftstoff, Trinkwasser, Flugbenzin, Trocken- und Kühlfrachtcontainern versorgt werden. Die Versorgung der Wohnplattform kann über Hilfsschiffe erfolgen, beispielsweise über Crew Transfer Vessels oder Offshore-Versorgungsschiffe. Im Gegensatz zum Wohnschiff ist die Wohnplattform nicht so treibstoffabhängig. Zudem kann Personal bei allen Wetterbedingungen untergebracht werden. Durch den festen Stand der Wohnplattform sinkt weiterhin die Wahrscheinlichkeit der Seekrankheit für das untergebrachte Personal signifikant.

Die Alternative zur Personenunterbringung auf einer Wohnplattform ist die Unterbringung auf einem **Wohnschiff**. Der Vorteil der Schwimmfähigkeit des Wohnschiffs gegenüber der Wohnplattform besteht wiederum darin, dass beispielsweise auch windparkinterne und -übergreifende Personen- und Materialtransporte ermöglicht werden können.

Dienstleistungsgruppe Materialbevorratung

Die Dienstleistungsgruppe **Materialbevorratung** legt den Fokus auf **Offshore-Umschlag und Lagerhaltung**. Offshore-Umschlag und Lagerhaltung von Windparkkomponenten kann durch Lagerbereiche auf Wohn-und Wartungsschiffen, Wohnplattformen, Offshore-Versorgungsschiffen, Jack-Up Vessels, semi-jacking Vessels oder semi-jacking Transport Bargen ermöglicht werden. Damit Umschlags- und Lageraktivitäten durchführbar sind, muss genügend Depotfläche vorgehalten und geeignetes Umschlagsgeschirr aufgewiesen werden. Güter- und Komponenteneigenschaften wie Größe, Wert und Verfügbarkeitsrelevanz für die Offshore-Windenergieanlagen sind grundsätzlich bei Umschlags- und Lageraktivitäten zu berücksichtigen.

Dienstleistungsgruppe Wartung und Reparatur

Um eine hohe Verfügbarkeit der Offshore-Windenergieanlagen zu gewährleisten, sind planmäßige und unplanmäßige Wartungsarbeiten und Reparaturen an den Anlagen und an Transportmitteln nötig. Zudem müssen diese Arbeiten entlang der Supply Chain koordiniert werden. In der Dienstleistungsgruppe **Wartung und Reparatur** befinden sich die Dienstleistungen Service Supply Chain Management, Wartung und Reparatur von Windparkkomponenten, Wartung und Reparatur an Wasserfahrzeugen sowie Repowering.

Das **Service Supply Chain Management** umfasst alle Aktivitäten, die für eine Ver- und Entsorgung der Offshore-Windparks nötig sind. Hierzu zählt in erster Linie die Planung und Steuerung von Servicetechnikern und Ersatzteiltransporten. Dies umfasst das Ersatzteilmanagement, Kapazitätsplanung und -koordination sowie Transport-, Lager-, Umschlags- und Unterbringungsaktivitäten. Im Ersatzteilmanagement wird entschieden, welche Ersatzteile in welchen Mengen wie und wo bevorratet werden und wie diese in einem Auswechselfall zu den Offshore-Windenergieanlagen transportiert werden.

Wartungs- und Reparaturarbeiten bilden nach den Transportaufgaben den Löwenanteil der potenziellen Dienstleistungen, die während dem Betrieb von Offshore-Windenergieanlagen benötigt werden. Diese unterscheiden sich für sämtliche Windpark-Elemente. Diese sind: Offshore-Windenergieanlagen (Rotoren, Gondeln, Türme, Fundamente), aber auch das Umspannwerk, die Wohnplattform (falls vorhanden) sowie die Verkabelung im Windpark. Windparkübergreifend fallen auch Konvertierungsplattformen und Überseekabel in den Fokus der Wartungs- und Reparaturmaßnahmen. Desweiteren werden Wartungs- und Reparaturarbeiten an Wasserfahrzeugen benötigt. Wir beschreiben nachfolgend die Unterschiede zwischen den verschiedenen Arbeiten. Grundsätzlich wird für alle Windpark-Elemente und Wasserfahrzeuge zwischen planmäßigen Wartungsarbeiten und unplanmäßigen Reparaturarbeiten unterschieden. Informationen zur Wartung und Reparatur der Offshore-Windenergieanlagen können dem Betriebs- und Wartungshandbuch entnommen werden, das der Turbinenhersteller dem Betreiber zur Verfügung stellen muss.

- **Wartungs- und Reparaturarbeiten am Rotor:** Planmäßige Wartungsarbeiten am Rotor erfolgen nach festen Zeitintervallen oder Betriebsstunden einer Offshore-Windenergieanlage. Unplanmäßige Reparaturarbeiten beinhalten Instandsetzungsmaßnahmen aufgrund von übermäßigem Verschleiß oder Alterung sowie Ausfall der Komponenten. Zu den Komponenten des Rotors gehören Rotorblätter, Blattwinkelverstellung, Rotorarretierung, Rotornabe, Rotorlager und Rotorbremsen. Auch die Reinigung der Komponenten wird mit dieser Dienstleistung abgedeckt.
- **Wartungs- und Reparaturarbeiten an der Gondel:** Planmäßige Wartungsarbeiten an der Gondel erfolgen nach festen Zeitintervallen oder Betriebsstunden einer Offshore-Windenergieanlage. Unplanmäßige Reparaturarbeiten beinhalten Instandsetzungsmaßnahmen aufgrund von übermäßigem Verschleiß oder Alterung sowie Ausfall der Komponenten. Zu den Komponenten gehören Getriebe, Generator, Kühlsysteme, Frequenzumrichter, Transformator, Hebezeuge, Windrichtungsnachführung, Azimutlager, Azimutbremsen, das Hydrauliksystem sowie diverse Messsensoren zur Überwachung dieser. Die Aufgaben dieser Dienstleistung beinhalten Wartung, Reparatur und Reinigung der einzelnen Komponenten.
- **Wartungs- und Reparaturarbeiten am Turm:** Im Turm befinden sich Schaltschränke, welche gewartet und bei Defekten repariert werden müssen. Die Spritzwasserzone des Turms besitzt aufgrund des Kontakts mit dem sauerstoffreichen Meerwasser und des schleifmittelartigen Effekts der Wellen eine hohe Korrosionsrate. Die Aufgaben dieser Dienstleistung umfassen die Instandhaltung der elektrotechnischen Instrumente im Inneren (z. B. Schaltschränke, Sicherheitssysteme, etc.), die Außen- und Innenreinigung, Beseitigung von Korrosion am Turm, Korrosionsschutz und Turmabdichtung.

- **Wartungs- und Reparaturarbeiten am Fundament:** Arbeiten am Fundament einschließlich der Verankerung im Meeresboden umfassen insbesondere den Korrosions- und Kolkschutz, die Bewuchsbeseitigung sowie die Überprüfung und Wartung des Groutings des Transition-Piece. Es müssen sowohl der Kolk- und Korrosionsschutz als auch die Unterwasserverkabelung der Offshore-Windenergieanlagen untersucht und gegebenenfalls repariert oder erneuert werden.
- **Wartungs- und Reparaturarbeiten am Umspannwerk und an der Konvertierungsplattform:** Für diese Dienstleistung ist eine Abstimmung entweder mit dem Windpark- oder mit dem Netzbetreiber wichtig. Das Umspannwerk wird vom jeweiligen Windparkbetreiber betrieben. Die Konvertierungsplattform wird dagegen vom Netzbetreiber betrieben. Bei den anfallenden Wartungs- und Reparaturarbeiten sind Arbeiten an der Primär- und Sekundärtechnik durchzuführen. Zu den Bestandteilen der Primärtechnik gehören beispielsweise die Leistungstransformatoren, gasisolierte Schaltanlagen, Kompensationsdrosseln, Diesel-Generatoren, Phasenschieber und Filter sowie bei einer Hochspannungsgleichstromübertragung die Hoch- und Höchstspannungsschaltanlagen. Zu den Bestandteilen der Sekundärtechnik gehört beispielsweise die Infrastruktur auf und an den Plattformen.
- **Wartungs- und Reparaturarbeiten an Seekabeln:** Seekabel werden jährlich gewartet. Geprüft werden unter anderem die Anschlüsse, Befestigung und Funktionalität der Seekabel. Zudem werden sie auf Korrosion und Bewuchs untersucht. Des Weiteren muss geprüft werden, ob die Kabel unter Last noch tief genug sind. Bei der Durchführung dieser Arbeiten mit einem Remotely Operated Vehicle können die Offshore-Windenergieanlagen weiter betrieben werden. Bei Taucharbeiten ist dagegen eine Abschaltung der Anlagen notwendig. Besteht ein Fehler, fährt ein Kabel-Reparaturschiff auf See, hebt das Kabel aus dem Boden heraus und trennt es an der beschädigten Stelle auf. An Bord des Schiffes wird dann eine Fehleranalyse durchgeführt. Die beiden Kabelenden werden über ein eingefügtes Kabelstück durch Kabelmuffen wieder miteinander verbunden und auf den Meeresboden herabgelassen. Schließlich wird in einer Serie von Tests die Funktionalität des reparierten Kabels überprüft.
- **Wartungs- und Reparaturarbeiten an Wasserfahrzeugen:** Für den laufenden Betrieb von Offshore-Windparks müssen unterschiedliche Wasserfahrzeuge kontinuierlich verfügbar sein. Somit ist eine regelmäßige Wartung und Reparatur der benötigten Wasserfahrzeuge notwendig um Transporte zu gewährleisten. Diese können in windparknahen Service-Stationen durchgeführt werden. Die Verfügbarkeit von Wasserfahrzeugen ist Voraussetzung für den Betrieb der Offshore-Windparks.

Das **Repowering** ist der Austausch von Großkomponenten bzw. kompletten Windenergieanlagen gegen solche, die mehr Strom erzeugen können. Hierfür werden Jack-Up Vessels benötigt. Diese Dienstleistung umfasst sowohl den Transport von Material und Personal als auch den Rückbau alter Anlagen sowie die Installation neuer Anlagen.

Dienstleistungsgruppe von Begutachtung

Die Dienstleistungsgruppe **Begutachtung** beinhaltet die Dienstleistungen maritime Logistikberatung, Inspektion, Schadensdokumentation und Gutachtenerstellung sowie Umweltmonitoring. Wie wir später beschreiben, setzen alle drei Dienstleistungen unterschiedliche Kompetenzen und Ressourcen voraus. Für jede Dienstleistung ist allerdings stets ein grundlegendes Verständnis des Zusammenspiels der individuellen Einzelaufgaben im Gesamtsystem der Offshore-Windenergienutzung notwendig.

Die **maritime Logistikberatung** ist für Werften, Reedereien sowie deren Zulieferer ein geeignetes Beratungsfeld, da sie über gutes Branchenwissen verfügen. Dabei haben Unternehmen der maritimen Industrie in der Regel ein ausgeprägtes Verständnis der Logistikprozesse innerhalb der Branche. Sie können dieses Wissen verwenden, um Logistikkosten für den Betrieb von Offshore-Windparks zu reduzieren und Logistikprozesse ihrer Kunden effizienter zu gestalten.

Die **Inspektion, Schadensdokumentation und Gutachtenerstellung** ist im Rahmen des Betriebs von Offshore-Windenergieanlagen wichtig und in festen Intervallen zyklisch durchzuführen. Durch diese Dienstleistung wird der Zustand der Offshore-Windenergieanalgen dokumentiert. Diese Dienstleistung setzt eine hohe Kommunikation zwischen dem Anbieter der Dienstleistung und dem Windparkbetreiber voraus. Zur Auslegung der Inspektionsintervalle und -umfänge muss zwischen den unterschiedlichen Komponenten der Anlagen sowie deren Betriebsdauer unterschieden werden. Basierend auf den Ergebnissen der Inspektion und der Schadensdokumentation kann ein Gutachten erstellt werden. Dieses zeigt, welche Reparaturen und Fehlerbeseitigungen vorzunehmen sind.

- Bei der Inspektion des **Rotors** erfolgt eine Überprüfung der Bestandteile Blattschale, Blattwinkel, Blattflansch und Nabe, der Strömungselemente, des inneren Blattkörpers und der Blattspitzenmechanik. Desweiteren erfolgt eine Überprüfung des Korrosionsschutzes, des Blitzschutzsystems, der Wasserablauföffnungen, des Schmiersystems der Rotorlager und vom Verschleiß der Bremsbeläge.
- Bei der Inspektion der **Gondel** ist diese auf ihren Zustand und ihre Funktionsfähigkeit zu überprüfen. Im Bereich des Getriebes können bei den Lagern durch

übermäßigen Verschleiß Probleme frühzeitig erkannt werden. Dabei ist vor allem die Lagerung des Planetengetriebes als kritisch einzustufen, das mithilfe eines Videoscopes endoskopiert werden kann. Häufige Ursache für einen überhöhten Verschleiß der Lager ist eine Verschiebung des Gondelgehäuses.

- Bei der Inspektion des **Turms** sind dessen Außen- und Innenseiten auf Korrosion und Fehlstellen in der Farbe und der Beschichtung zu überprüfen. Zudem müssen elektrotechnische Einrichtungen wie Schaltschränke überprüft werden. Eine Überprüfung des Turms von außen erfolgt per Seilzugtechnik oder mithilfe von Arbeitsbühnen. Verstärkte Korrosion tritt dabei an vertikalen Schweißnähten und im Bereich der Flansche auf.

Beim **Umweltmonitoring** werden die Auswirkungen des Betriebs der Offshore-Windparks auf die Umwelt beobachtet und anhand ökologischer Parameter gemessen. Dazu gehört die langfristige Erfassung von Veränderungen in Luft, im Boden und im Wasser. Das zyklische Durchführen des Umweltmonitorings ist behördlich festgeschrieben (vgl. StUK4 2013). Für die Durchführung werden spezielle Forschungsschiffe, Offshore-Tauscher oder Remotely Operated Vehicles und Überwachungsgeräte benötigt.

Dienstleistungsgruppe Safety und Security
Sicherheitsvorkehrungen sind während des Betriebs von Offshore-Windenergieanlagen unerlässlich. In erster Linie müssen präventive und reaktive Notfallvorkehrungen getroffen werden, wenn es Verletzte oder Verunglückte gibt. Hierzu ist ein windparkspezifischer Notfall-Plan sowie ein Arbeitsschutz- und Sicherheitskonzept bereits im Genehmigungsverfahren seitens des Betreibers vorzuweisen. Der Betreiber kann zur Sicherstellung seines Health, Safety and Environment-Konzepts auf spezialisierte Sicherheitsdienstleister zurückgreifen. Die Dienstleistungen Notfallversorgung, Sicherheitstrainings und auch Gefahrenabwehr sind in der Dienstleistungsgruppe **Safety und Security** zusammengefasst.

Eine **Notfallversorgung** ist während des Betriebs von Offshore-Windparks unerlässlich, wenn Unfälle während des Betriebs passieren. Die Dienstleistung Notfallversorgung umfasst den Betrieb einer Notruf- und Serviceleitstelle, die Rettung von Verletzten sowie den Transport der Verletzten vom Windpark zu einem Krankenhaus oder einer sanitären Einrichtung. Bei küstennahen Offshore-Windenergieanlagen kann das Personal in kurzer Zeit mit einem Helikopter zu einem Krankenhaus an der Küste transportiert werden. Bei küstenfernen Windparks kann je nach Krankheitsbild das Personal in einem Sanitätsraum/-container auf einer Wohnplattform oder einem Wohnschiff über einen Betriebssanitäter erstversorgt werden, bevor der Helikopter mit Notarzt und Rettungsteam eintrifft, um den Krankenhaustransport einzuleiten.

Sicherheitstrainings ermöglichen die Ausbildung des Offshore-Personals. Fachkräfte, Servicetechniker und Ingenieure sind durch das neue Arbeitsumfeld in den Offshore-Windparks besonderen Risiken ausgesetzt, auf die sie innerhalb der Sicherheitstrainings vorbereitet werden. Die Sicherheitstrainings orientieren sich dabei an Kursen der Schifffahrt oder der Offshore-Öl- und Gasindustrie. Gefahren drohen bei dem Personen- und Materialtransport von Land nach See und bei Arbeiten an den Offshore-Windenergieanlagen. Nur entsprechend ausgebildete und zertifizierte Techniker dürfen die Offshore-Windenergieanlagen auf See betreten.

Die **Gefahrenabwehr** dient zur Sicherheit der Offshore-Windenergieanlagen während des Betriebs. Die Dienstleistung beinhaltet die Aufgaben Sicherheitskontrolle und Sicherheitsüberprüfung per Fernüberwachung, Überwachung der Offshore-Windenergieanlagen mit Überwachungssystemen und Vessel Tracking. Ziel im Bereich Gefahrenabwehr ist es, die Anlagen, Mitarbeiter und das Energieversorgungssystem der Offshore-Windenergie als zukünftig festen Bestandteil der kritischen technischen Basisinfrastruktur (BMI 2009, S. 5) im Allgemeinen vor Kollisionen, Diebstahl, vorsätzlicher Beschädigung, Sabotage, Piraterie, Belästigung und Terrorismus zu schützen. Einen ausreichenden Schutz des Windparks erreicht der Windparkbetreiber nur durch die Einführung eines Sicherheitsprogramms, welches vorbereitende, vorbeugende und korrigierende Maßnahmen zum Schutz der Offshore-Windenergieanlage aufweist. Zur Erfüllung dieses Sicherheitsprogramms kann auf Dienstleister zurückgegriffen werden.

2.3   Fazit zu Dienstleistungspotenzialen in der Betriebsphase von Offshore-Windenergieanlagen

Die oben genannten Dienstleistungen stellen **potenzielle neue Geschäftsfelder für Unternehmen der maritimen Industrie** dar. Sowohl Werften, Reedereien als auch deren Zulieferer müssen sich jedoch in vielen Bereichen weiterentwickeln, um den Erfolg der neuen Geschäftsfelder sicherzustellen. Bevor diese Unternehmen also ein Dienstleistungsportfolio gestalten können, müssen sie zunächst analysieren, **welche Kompetenzen und Ressourcen sie besitzen** und welche Dienstleistungen sie bereits anbieten können. Für das Angebot mancher Dienstleistungen wird es je nach Unternehmen erforderlich sein, Kompetenzen weiterzuentwickeln und neue Ressourcen zu akquirieren. In Kap. 3 diskutieren wir deshalb Kompetenzen und Ressourcen zur Erbringung maritimer Dienstleistungen.

Kompetenzen und Ressourcen zur Erbringung maritimer Dienstleistungen 3

3.1 Relevanz von Kompetenzen und Ressourcen

Um industrielle Dienstleistungen anzubieten, benötigen Werften, Reedereien und deren Zulieferer bestimmte Kompetenzen und Ressourcen. Eine **Kompetenz** ist eine Fähigkeit, die es einem Unternehmen ermöglicht, Wettbewerbsfähigkeit zu erreichen, diese zu erhalten und seine Ziele zu erfüllen (Freiling 2004, S. 30). Eine Kompetenz ist durch das Unternehmen wiederholbar und daher nicht zufällig. Grundlage für die Nutzung einer Kompetenz sind **Ressourcen**, die im Unternehmen verankert sind. Diese sind beispielsweise Personal oder Material.

Je nachdem welche Kompetenzen und Ressourcen ein Unternehmen besitzt, kann das Unternehmen eine **unterschiedliche Angebotstiefe im Dienstleistungsgeschäft** anbieten. Demnach werden für jede Dienstleistung unterschiedliche Kompetenzen und Ressourcen benötigt. Dies heißt auch, dass ein Unternehmen für bestimmte Dienstleistungen erst die nötigen Kompetenzen entwickeln und Ressourcen akquirieren muss, um eine Dienstleistung durchzuführen, wenn es diese Kompetenzen und Ressourcen noch nicht besitzt. Eine Alternative hierzu ist die Fremdvergabe von Teilen der Dienstleistungen an externe Anbieter.

Kompetenzen und Ressourcen in der maritimen Industrie
Für die maritime Industrie haben wir **vier Kompetenzbereiche** ermittelt: Erfahrungen, Kundenservice, Prozesse und Regularien. Diese Kompetenzbereiche wurden wiederum in unterschiedliche Kompetenzen unterteilt. Zusätzlich haben wir **vier Ressourcenkategorien** identifiziert: Infrastruktur, Material, Personal und Netzwerke. Abb. 3.1 zeigt eine Übersicht der Kompetenzbereiche und der Ressourcenkategorien.

© Springer Fachmedien Wiesbaden 2015
M. Seiter et al., *Maritime Dienstleistungen,* essentials,
DOI 10.1007/978-3-658-09047-0_3

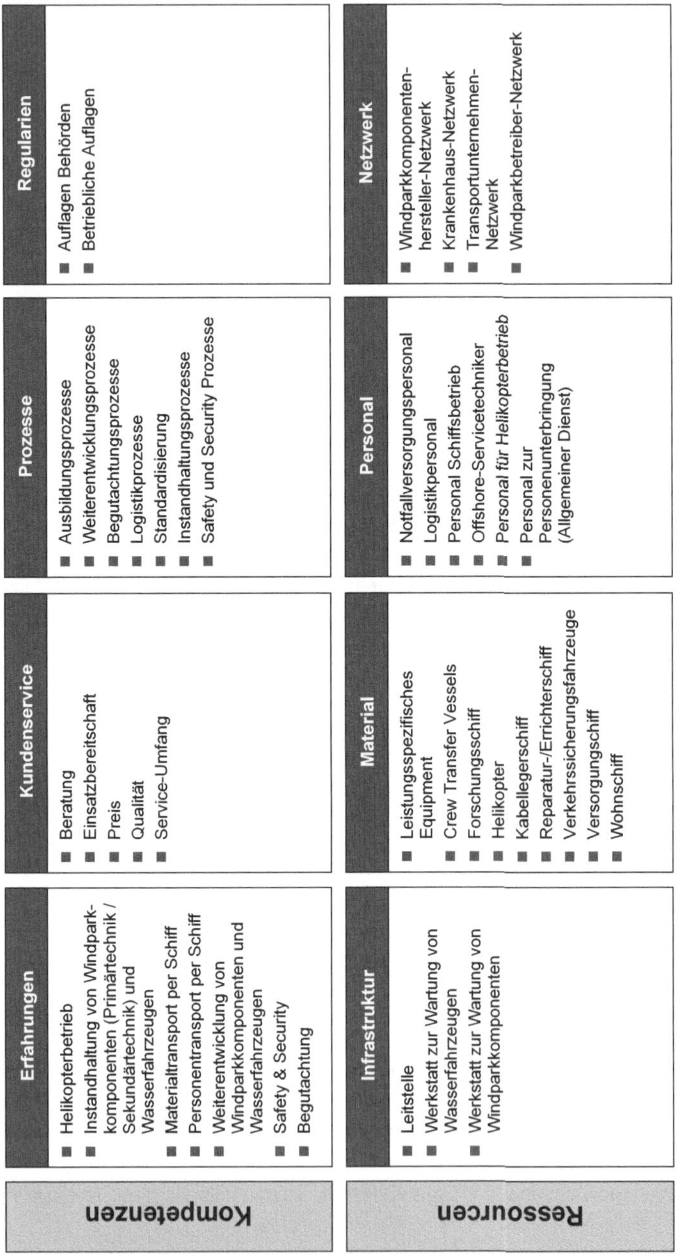

Kompetenzen

Erfahrungen
- Helikopterbetrieb
- Instandhaltung von Windparkkomponenten (Primärtechnik / Sekundärtechnik) und Wasserfahrzeugen
- Materialtransport per Schiff
- Personentransport per Schiff
- Weiterentwicklung von Windparkkomponenten und Wasserfahrzeugen
- Safety & Security
- Begutachtung

Kundenservice
- Beratung
- Einsatzbereitschaft
- Preis
- Qualität
- Service-Umfang

Prozesse
- Ausbildungsprozesse
- Weiterentwicklungsprozesse
- Begutachtungsprozesse
- Logistikprozesse
- Standardisierung
- Instandhaltungsprozesse
- Safety und Security Prozesse

Regularien
- Auflagen Behörden
- Betriebliche Auflagen

Ressourcen

Infrastruktur
- Leitstelle
- Werkstatt zur Wartung von Wasserfahrzeugen
- Werkstatt zur Wartung von Windparkkomponenten

Material
- Leistungsspezifisches Equipment
- Crew Transfer Vessels
- Forschungsschiff
- Helikopter
- Kabellegerschiff
- Reparatur-/Errichterschiff
- Verkehrssicherungsfahrzeuge
- Versorgungsschiff
- Wohnschiff

Personal
- Notfallversorgungspersonal
- Logistikpersonal
- Personal Schiffsbetrieb
- Offshore-Servicetechniker
- Personal für Helikopterbetrieb
- Personal zur Personenunterbringung (Allgemeiner Dienst)

Netzwerk
- Windparkkomponentenhersteller-Netzwerk
- Krankenhaus-Netzwerk
- Transportunternehmen-Netzwerk
- Windparkbetreiber-Netzwerk

Abb. 3.1 Notwendige Kompetenzen und Ressourcen zur Erbringung von maritimen Dienstleistungen

Eine Bestandsaufnahme der eigenen Kompetenzen und Ressourcen ist notwendig, um über das zukünftige **Dienstleistungsportfolio** entscheiden zu können. Hierzu haben wir **ein strukturiertes Vorgehen zur Analyse von Kompetenzen und Ressourcen in der maritimen Industrie** entwickelt. Zunächst geben wir eine Übersicht über die benötigten Kompetenzen und Ressourcen für jede der identifizierten Dienstleistungen.

3.2 Welche Kompetenzen und Ressourcen werden für welche Dienstleistung benötigt?

Für die unterschiedlichen Dienstleistungen und Leistungsbereiche werden unterschiedliche Kompetenzen und Ressourcen benötigt, um eine erfolgreiche Durchführung zu gewährleisten. Wir beschreiben nun die einzelnen **Dienstleistungen im Detail**.

Kompetenzen und Ressourcen für die Dienstleistungsgruppe Weiterentwicklung

Für die **Weiterentwicklung von Windparkkomponenten** werden unterschiedliche Ressourcen benötigt. In erster Linie sind leistungsspezifisches Equipment und Versuchseinrichtungen notwendig. Insbesondere bei Großkomponenten wie den Rotorblättern ist die Anschaffung dieser Notwendigkeiten mit hohen Investitionen verbunden. Hilfreich sind hier Kooperationen mit Versuchsanstalten bzw. Universitäten, die bereits über die nötigen Ressourcen verfügen. Auch empfiehlt es sich Kunden in den Mittelpunkt der Entwicklungsleistungen zu setzen und diese in den Entwicklungsprozess zu integrieren. Sie besitzen einerseits vertieftes Wissen über das Gesamtsystem der Offshore-Windenergienutzung und verfügen weiterhin über technisches Personal, das ein umfangreiches Wissen über die Primär- und Sekundärtechnik der einzelnen Offshore-Anlagen besitzt und die Weiterentwicklungen praktisch testen und evaluieren kann. Letztendlich soll die Marktfähigkeit der Entwicklungslösungen stets im Vordergrund des Leistungsziels stehen. Kompetenzen sind weiterhin vor allem im Bereich Regularien notwendig. Leistungsspezifisches Know-How wird vorausgesetzt. Es müssen bei der Weiterentwicklung von Windparkkomponenten unterschiedlichste internationale und nationale behördliche Auflagen, technische Standards und Spezifikationen sowie betriebliche Auflagen der Windparkbetreiber eingehalten werden.

Ähnliches gilt für die **Weiterentwicklung von Wasserfahrzeugen**. Auch hier sind auf Seite der Ressourcen leistungsspezifisches Equipment und die Verfügbarkeit von Versuchseinrichtungen unerlässlich und genannte Kooperationen förderlich. Zusätzlich wird eine Reihe an Kompetenzen benötigt. Auch hier wird leistungsspezifisches Know-How vorausgesetzt. Entwicklungsingenieure benötigen ein vertieftes Verständnis über die Prozesse im Windparkbetrieb sowie die schiffs- und meerestechnischen Bedingungen, wenn beispielsweise Materialtransfersysteme oder Überstiegsysteme für Personal weiterentwickelt werden. Bei der Weiterentwicklung an Transportfahrzeugen sind zudem vertiefte Kenntnisse über Logistikprozesse notwendig, um beispielsweise Schiffskapazitäten einsatzspezifisch optimal auszulegen. Auch in diesem Kontext gilt es, eine Konformität zu internationalen und nationalen behördlichen und betrieblichen Regelwerken im Schiffbau und in der Schifffahrt aufzuweisen.

Kompetenzen und Ressourcen für die Dienstleistungsgruppe Materialtransport

Auch bei der Dienstleistung **Offshore-Materialversorgung** sowie der Dienstleistung **Abfälle und Entsorgung** wird eine Reihe an Ressourcen benötigt. Während der Transport von Kleinteilen in begrenztem Umfang über Crew Transfer Vessels erfolgen kann, wird für mittelgroße Komponenten oder bei einem hohen Ladungsaufkommen an Kleinteilen ein Versorgungsschiff benötigt. Für den Schiffbetrieb muss Personal für den nautischen Schiffbetrieb, Personal für den Schiffsdeckbetrieb sowie Personal für Arbeiten an den Maschinen oder der Technik bereitgestellt werden. Der wichtigste Kompetenzbereich für die Durchführung von maritimen Materialversorgungs- und Entsorgungsleistungen ist der Bereich Erfahrungen. Es sind Erfahrungen aus Offshore-Öl und Gas sowie bereits gesammelte Erfahrungen aus der Installation von Offshore-Windparks wünschenswert.

Bei **Reparaturschiffeinsätzen** spielt vor allem die Verfügbarkeit von Ressourcen eine wichtige Rolle. Für diese Dienstleistung ist der kritische Faktor die Bereitstellung eines investitionsintensiven Reparaturschiffs. Anders als beim Transport über Crew Transfer Vessels ist die Schiffsbesatzung insgesamt ein weitaus Vielfaches von der eines solchen Crew Transfer Vessels (je nach Flagge mindestens drei Personen), da im Gegensatz zur reinen Transportleistung Reparaturschiffe häufig in einer Gesamtleistung für Reparaturaufgaben an der Offshore-Windenergieanlage eingesetzt werden. Die Unterbringungseinrichtungen, die auch für über 100 Personen bei einem Reparaturschiff gehen können, zeigen auf, mit welcher Crew ein Reparaturschiff ausgestattet sein kann. Aufgrund der vielseitigen Aufgaben, die von einem Reparaturschiff zu erfüllen sind, sind Prozesskenntnisse für diese Dienstleistung Voraussetzung. Auch hier sind Erfahrungen aus Offshore-Öl und Gas sowie bereits gesammelte Erfahrungen aus der Installation von Offshore-Windparks wünschenswert.

Kompetenzen und Ressourcen für die Dienstleistungsgruppe Personaltransport

Einen Großteil der benötigten Kompetenzen und Ressourcen für den Betrieb von **Crew Transfer Vessels** haben wir bereits weiter oben beschrieben. Beim Transport von Personen kommen jedoch einige zusätzliche Anforderungen an den Dienstleiter hinzu. Zum einen muss gewährleistet sein, dass das Seegangsverhalten der Schiffe gut ist, damit die Besatzung und die Passagiere nicht zu schnell Seekrank werden. Offshore-Arbeiten bedingen ein erhöhtes Arbeitsrisiko, insbesondere der Überstieg von und auf die Offshore-Windenergieanlage. Die physische Kondition der Besatzung und der Servicetechniker ist essentiell um die Offshore-Anlagen zu versorgen. Beispielsweise weisen Spezialschiffe wie ein SWATH günstigere Seegangseigenschaften als ein Katamaran in Hinblick auf die Anfälligkeit zur Seekrankheit auf. Neben der spezifischen Ressourcenausstattung werden weiterhin zusätzliche Kompetenzen benötigt. Hier stehen behördliche Auflagen im Schiffsbetrieb im deutschen Küstenmeer und in der deutschen Ausschließlichen Wirtschaftszone im Vordergrund.

Beim Transport von Personen mit **Helikoptern** ist zu beachten, dass die Anschaffung und der Betrieb der Helikopter deutlich teurer sind, als der Transport mit Schiffen. Auch die benötigten Ressourcen unterscheiden sich deutlich voneinander, da für den Helikoptertransport im Versorgungsauftrag Piloten, Fluggerätemechaniker und Windenführer benötigt werden. Zudem werden andere Kompetenzen benötigt. Es müssen Zertifikate für den Flugbetrieb und die Instandhaltung der Helikopter aufgewiesen werden, die aufzeigen, dass behördliche und betriebliche Auflagen erfüllt werden. Durch die speziellen Anforderungen und vorausgesetzten Kenntnisse sind Erfahrungen im Helikoptertransport erforderlich und Referenzprojekte in diesem Bereich wünschenswert.

Der Transport von Personen kann auch über **Wohnschiffe** erfolgen. Diese Dienstleistung ist durch die Bereitstellung eines Wohnschiffs extrem Ressourcenintensiv. Neben den hohen Investitionskosten dieser Schiffe, fallen hohe Personal- und Treibstoffkosten an. Zusätzlich zum Personal für den nautischen Schiffsbetrieb und für den Schiffsdeckbetrieb sowie technisches Personal, muss wie beim Reparaturschiff zusätzliches Personal für den allgemeinen Dienst wie Köche, Stewards und Putzpersonal eingestellt werden. Auch Kompetenzen sind für diese Dienstleistung nötig. Insbesondere eine kontinuierliche Einsatzbereitschaft des Wohnschiffs und Erfahrungen mit dem Betrieb des Wohnschiffs aus anderen Märkten (z. B. Kreuzschifffahrt) sind wünschenswert. Dieselben Ressourcen und Kompetenzen werden auch für die Dienstleistung **Wohnschiffunterbringung** benötigt.

Kompetenzen und Ressourcen für die Dienstleistungsgruppe Personenunterbringung

Neben der oben beschriebenen **Wohnschiffunterbringung** ist es möglich, Personen auf einer **Wohnplattform** zu stationieren. Hierzu wird in erster Linie eine Reihe an Ressourcen benötigt. Der Kauf einer Wohnplattform ist mit sehr hohen Investitionskosten auf Seiten des Energieerzeugers verbunden. Der Anbieter der Dienstleistung „Wohnplattformunterbringung" muss in der einfachsten Form lediglich Personal für den allgemeinen Dienst wie Köche, Stewards und Putzpersonal bereitstellen (Catering). Weiterhin können aber auch Wartungs- und Reparaturarbeiten an der Wohnplattform in den Dienstleistungsumfang einbezogen werden oder sogar der gesamte Betrieb der Wohnplattform als Dienstleistung angeboten werden. Die benötigten Kompetenzen wie Erfahrungen oder spezifische Kenntnisse sind bei reinen Catering-Leistungen im Vergleich zu anderen Offshore-Dienstleistungen gering. Sie können aus anderen Märkten wie der Kreuzschifffahrt transferiert werden. Bei erweiterten Leistungsumfängen können auch Erfahrungen aus dem Betrieb von Öl & Gas-Plattformen transferiert werden.

Kompetenzen und Ressourcen für die Dienstleistungsgruppe Materialbevorratung

Ein Dienstleistungsanbieter, der **Offshore-Umschlag und Lagerhaltung** anbietet, benötigt in erster Linie Ressourcen aus den Kategorien Personal und Material. Ein Anbieter dieser Dienstleistung muss Logistikpersonal (Offshore sowie an Land) bereitstellen, das die Prozesse im täglichen Windparkbetrieb versteht und einschätzen kann, wie hoch beispielsweise die Anzahl benötigter Ersatzteile usw. sein wird. Im Offshore-Windpark muss das nötige Umschlagsgeschirr und Lagerfläche zur Verfügung stehen. Zudem werden Kompetenzen im Bereich der Ver- und Entsorgungsprozesse benötigt. Grundsätzlich ist ein tiefes Verständnis über die komplette Supply Chain notwendig. Standardisierte Prozesse helfen, um einen effizienten Umschlag zu gewährleisten. Insbesondere bei teuren Windparkkomponenten sind Kenntnisse über die Spezifika der Einzelteile unabdingbar, um eine sichere Lagerung und einen sicheren Umschlag zu gewährleisten.

Kompetenzen und Ressourcen für die Dienstleistungsgruppe Wartung und Reparatur

Wie bei Offshore-Umschlag und Lagerhaltung werden auch für das **Service Supply Chain Management** Ressourcen im Bereich Personal benötigt. Diese arbeiten jedoch weniger operativ in einer Einzelleistung als im zuvor genannten Bereich, da sie die gesamte Lieferkette von Land bis zur Kaikante und darüber hinaus steuern. Logistikpersonal mit entsprechenden Kenntnissen muss bereitgestellt werden.

Hierbei ist es wichtig, dass das Logistikpersonal ein tiefes Verständnis über die Prozesse der kompletten Supply Chain besitzt, d. h. von der Komponentenherstellung, deren Kommissionierung, Transport, Umschlag und Lagerung, bis hin zur Installation der Komponenten. Grundsätzlich sollte ein Anbieter dieser Dienstleistung in der Lage sein, Transportkonzepte für die gesamte Supply Chain aufzuweisen. Insbesondere bei Großkomponenten setzt dies eine Reihe an Kompetenzen voraus. Ein vertieftes Wissen über Offshore-Windenergieanlagen ist essentiell, da der Transport der Komponenten nur über Spezialfahrzeuge erfolgen kann und zeitaufwendig ist. Hierbei sind standardisierte Konzepte von großem Vorteil.

Wartungs- und Reparaturarbeiten sprechen wir grundsätzlich ein sehr großes Marktpotenzial zu. Gleichzeitig setzen diese Dienstleistungen ein überaus hohes Maß an **Ressourcen** voraus. Es werden Ressourcen unterschiedlicher Kategorien benötigt, weshalb auch nur mehrere spezialisierte Dienstleistungsanbieter für die Einzelleistungen dieses Bereichs in Frage kommen. Es werden je nach Wartungs- oder Reparaturarbeit Servicetechniker mit Kenntnissen über einzelne Komponenten von Wasserfahrzeugen oder der Primär- und Sekundärtechnik von Windenergieanlagen benötigt. Bei Arbeiten am Fundament einer Offshore-Windenergieanlage kommen zudem Taucher zum Einsatz. Insbesondere die Wartung und Reparatur von Offshore-Windenergieanlagen ist materialintensiv, da ein Versorgungsschiff und leistungsspezifisches Equipment vorhanden sein müssen. Um die benötigten Wasserfahrzeuge zu betreiben wird zusätzliches Personal mit entsprechenden Kenntnissen benötigt (vgl. die benötigten Kompetenzen und Ressourcen der Dienstleistung Transport).

Auch die **Kompetenzen** sind zahlreich, die für die Durchführung von **Wartungs- und Reparaturarbeiten** benötigt werden. Erfahrungen mit Wartungs- und Reparaturarbeiten an Schiffen oder der Primär- und Sekundärtechnik von Windenergieanlagen sind wichtig, damit sich Anbieter am Markt durchsetzen können. Hier sind beispielsweise Erfahrungen aus Referenzprojekten oder anderen Branchen wie Offshore-Öl und Gas aufzuweisen. Sowohl bei Arbeiten an Wasserfahrzeugen als auch an Windparks müssen behördliche Auflagen erfüllt und Zertifikate vorgewiesen werden. Die für Wartungs- und Reparaturarbeiten benötigten Kompetenzen und Ressourcen werden ebenso für das **Repowering** benötigt.

Kompetenzen und Ressourcen für die Dienstleistungsgruppe Begutachtung
Zum Angebot der **maritimen Logistikberatung** wird an Ressourcen in erster Linie Beratungspersonal benötigt. Durch den engen Kundenkontakt während der maritimen Logistikberatung sollte das Beratungspersonal sorgfältig ausgewählt werden. Zusätzlich werden Kompetenzen in den Bereichen Erfahrungen, Kundenservice und prozessbezogene Fähigkeiten benötigt. Um einen Kunden umfassend beraten

zu können, braucht der Anbieter ein sehr tiefes Wissen über die Prozesse im Windparkbetrieb. Dies setzt voraus, dass bereits Erfahrungen mit Logistikprozessen aus Referenzprojekten, der Installation von Offshore-Windenergieanlagen oder zumindest anderen Branchen wie Offshore-Öl und Gas gewonnen wurden. Da der Anbieter in der Beratung sehr nah mit dem Kunden zusammenarbeitet, ist ein ausgiebiger Kundenservice erforderlich. Neben geschultem Beratungspersonal sind hier beispielsweise der Preis und die Qualität der Beratung entscheidend. Standardisierte Beratungsleistungen sind in diesem Zusammenhang unvorteilhaft, da jeder Kunde individuell beraten werden sollte. Zusätzlich muss der Anbieter über regulatorische Kompetenzen verfügen, da er vor allem behördliche Auflagen in seiner Beratung berücksichtigen muss. Grundsätzlich besteht das Potenzial, maritime Logistikberatung zusammen mit dem Service Supply Chain Management anzubieten.

Für die **Inspektion, Schadensdokumentation und Gutachtenerstellung** werden Ressourcen der Kategorie Material benötigt. Es muss leistungsspezifisches Equipment vorhanden sein, damit Inspektionsleistungen hinreichend durchgeführt werden können. Zudem werden Kompetenzen in den Bereichen Erfahrungen und prozessbezogene Fähigkeiten benötigt. Erfahrungen (vor allem mit der Erstellung von Gutachten) sind Voraussetzung, um diese Leistung anzubieten. Grundvoraussetzung ist ein tiefes Verständnis des Personals über die Prozesse im Windparkbetrieb und über die Besonderheiten der unterschiedlichen Windparkkomponenten.

Für das **Umweltmonitoring** werden die Ressourcen Material und Personal benötigt. Kostenkritisch ist hier die Bereitstellung eines Forschungsschiffs. Je nach Forschungsbedarf werden zudem Remotely Operated Vehicles benötigt, wenn das Fundament einer Offshore-Windenergieanlage geprüft wird. Zur Durchführung des Umweltmonitorings muss der Dienstleister sowohl Taucher als auch Umweltbiologen bereitstellen. Zur Analyse der Ergebnisse sind Kooperationen mit auf das Umweltmonitoring spezialisierte Forschungsinstituten wünschenswert. Auch Kompetenzen werden für die Durchführung des Umweltmonitorings benötigt. Ein tiefes Verständnis der behördlichen Umweltauflagen ist unabdingbar, um die Ergebnisse des Umweltmonitorings beurteilen zu können. Aus Sicht des Kunden ist hierfür zudem eine hohe Qualität des Umweltmonitorings erforderlich, d. h. präzise Analyseergebnisse.

Kompetenzen und Ressourcen für die Dienstleistungsgruppe Safety und Security

Zur Durchführung der **Notfallversorgung** benötigt ein Dienstleistungsanbieter Ressourcen der Katagorien Material, Personal, Infrastruktur sowie Netzwerk. Grundvoraussetzung ist die Bereitstellung von Rettungs- und Transportmitteln. Diese können beispielsweise Crew Transfer Vessels oder Helikopter inklusive Rettungsequipment (wie beispielsweise Rettungsinseln) sein. Je nach Rettungs-

und Transportmittel wird das entsprechende Personal benötigt (vgl. mit der Dienstleistung Transport). Zusätzlich muss Personal für die Notfallversorgung (Rettungsteam) aktiviert werden können, das heißt Notärzte und Rettungspersonal (beispielsweise Sanitäter, Rettungsassistenten). Desweiteren wird eine Koordinierungszentrale zur Transportkoordination oder Koordination von Such- und Rettungsmaßnahmen auf See benötigt, die auch telemedizinische Versorgungsleistungen ermöglichen sollte. Als windparkinterne Notfalleinrichtung sind ein Sanitätsraum oder ein Sanitätscontainer denkbar. Auch wird der Einsatz eines Lazarett-Schiffes für Offshore-Windparks diskutiert. An Kompetenzen muss in erster Linie der Kundenservice vorhanden sein. Grundsätzlich muss bei der Notfallversorgung eine kontinuierliche Einsatzbereitschaft für den Kunden gewährleistet werden. Kooperationen und Verfügbarkeitsvereinbarungen mit Helikopterbetreibern und Betreibern von Crew Transfer Vessels sind von daher unabdingbar.

Für das Angebot von **Sicherheitstrainings** muss ein Dienstleister über verschiedene Ressourcen verfügen. Er muss Ausbildungsausrüstung für die Sicherheitstrainings bereitstellen. Beispiele sind Schutzausrüstung, Tauchbecken, Helikopter, Schiffe, etc. Eine Kooperation mit Netz- und Windparkbetreibern sowie Energieerzeugern ist in diesem Zusammenhang wünschenswert, um die genauen Anforderungen der Kunden berücksichtigen zu können. An Kompetenzen ist auf Seiten des Dienstleistungsanbieters ein tiefes Verständnis der benötigten Ausbildungsprozesse notwendig. Gegebenenfalls müssen Zertifikate oder Akkreditierungen aufgezeigt werden, die zur Ausbildung von Offshore-Personalberechtigen.

Bei der **Gefahrenabwehr** werden Ressourcen der Kategorien Personal und Material benötigt. Der Anbieter muss Equipment für die Gefahrenabwehr wie Brandmelde- oder Videoüberwachungstechnik bereitstellen. Zusätzlich sind Wasserfahrzeuge notwendig, die eine erfolgreiche Gefahrenabwehr im Ernstfall sicherstellen. Diese können beispielsweise Crew Transfer Vessels sein. Auch hier steht als Kompetenz der Kundenservice im Vordergrund. Eine kontinuierliche Einsatzbereitschaft ist bei der Gefahrenabwehr wichtig, um eine dauerhafte Sicherung der Offshore-Windenergieanlagen zu gewährleisten.

3.3 Analyse der Kompetenzen und Ressourcen und Portfolio-Gestaltung

Nachdem wir die benötigten Kompetenzen und Ressourcen jeder Dienstleistung beschrieben haben, entwickeln wir nun ein **Vorgehen, um die Verfügbarkeit** der Kompetenzen und Ressourcen in Unternehmen der maritimen Industrie **zu messen**. Für die hier entwickelte Kompetenz- und Ressourcenanalyse verwenden wir ein Scoring-Modell. Hierbei wird jeder Kompetenz und jeder Ressource ein Score zugewiesen, der von 0 (nicht vorhanden) bis 100 % (komplett vorhanden) reicht.

Jeder Kompetenz und jeder Ressource kann ein exakter Score zugewiesen werden. Die Scores können im Anschluss mit den für die Durchführung der Dienstleistungen benötigten Kompetenzen und Ressourcen abgeglichen werden. Basierend auf dieser Analyse können Werften, Reedereien sowie deren Zulieferer ermitteln, welche Dienstleistungen sie bereits anbieten können und welche nicht.

Um eine Dienstleistung qualitativ optimal durchführen zu können, werden Scores mit möglichst hohen Werten für alle für die jeweilige Dienstleistung relevanten Kompetenzen und Ressourcen benötigt. Somit stellen die Scores eine Messgröße zum **Vergleich des Soll-Zustands mit dem unternehmensspezifischen Ist-Zustand** dar. Anzumerken ist zudem, dass die Scores gleichzeitig auch aufzeigen, für welche Dienstleistungen Verbesserungspotenzial besteht. Hohe Werte der Scores stehen dabei für Stärken der Unternehmen, niedrige Werte für Schwächen.

Wie aber ermittelt ein maritimes Unternehmen die Scores? Der effizienteste und effektivste Weg zur Ermittlung des Scores ist die Erstellung einer Verfügbarkeitsübersicht. Ein Unternehmen notiert sich hierzu für alle Kompetenzen und alle Ressourcen, ob sie zur Verfügung stehen oder nicht. Hierbei sollte das Unternehmen analysieren, ob bestimmte Kompetenzen oder Ressourcen kurzfristig akquiriert werden können, wenn diese nicht vorhanden sind. Dabei sollte das jeweilige Unternehmen so detailliert wie möglich vorgehen. Als Beispiel nehmen wir die Ressource Personal. Diese unterteilt sich in:

- Notärzte und Rettungspersonal (Sanitäter, Rettungsassistenten),
- Logistikpersonal,
- Elektrotechnik- und Maschinenbauingenieure,
- Schiffbau- und -betriebsingenieure,
- Personal für den nautischen Schiffsbetrieb (Kapitäne, nautische Offiziere, Skipper, etc.)
- Personal für den Schiffsdeckbetrieb (Decksvorarbeiter, Matrosen, Kranarbeiter, etc.)
- Personal für Maschine/Technik von Schiffen (Technische Offiziere, Schiffsmechaniker, etc.)
- Personal für den allgemeinen Dienst (Köche, Hilfsköche, Stewards, Putzpersonal)
- Piloten für Remotely Operated Vehicles,
- Offshore-Berufstaucher,
- Servicetechniker zur Wartung und Reparatur von Offshore-Windenergieanlagen,
- Fluggerätemechaniker,
- Helikopterpiloten,
- Windenführer,
- etc.

Für jede Art von Personal muss nun analysiert werden, ob dieses **zur Verfügung steht oder nicht**. Aus dem Verhältnis des verfügbaren Personals zum möglichen Personal, das potenziell zur Verfügung stehen könnte, lassen sich die Scores für jede Personal-Ressource ermitteln. Wenn beispielsweise Fluggerätemechaniker und Helikopterpiloten zur Verfügung stehen, jedoch keine Windenführer, so beträgt der Score für „Personal Helikopterbetrieb" 66 %. Nach der gleichen Logik lassen sich auch die **Scores für die Übergeordneten Kompetenzbereiche und Ressourcenkategorien** ermitteln. Als Grundlage für die Analyse können Unternehmen der maritimen Industrie die in Abschn. 3.2 beschriebene Übersicht der benötigten Kompetenzen und Ressourcen verwenden.

Die ermittelten Scores dienen als Kennzahlen zur vergleichbaren Bewertung der Stärken und Schwächen der Unternehmen der maritimen Industrie. Basierend auf diesem Scoring-Modell haben wir eine Klassifizierungsmatrix entwickelt, welche wir **Kompetenzen-Ressourcen-Matrix** nennen. Mit dieser können sich Werften, Reedereien und deren Zulieferer entsprechend ihrer vorhandenen Kompetenzen und Ressourcen und in Abhängigkeit von dem Dienstleistungsbedarf einordnen. Mithilfe der Kompetenzen-Ressourcenmatrix können sich die Unternehmen in vier generelle Anbieterklassen einordnen lassen: Markteinsteiger, Anbieter für kompetenzbasierte Dienstleistungen, Anbieter für ressourcenbasierte Dienstleistungen und Gesamt-Lösungsanbieter (Abb. 3.2).

Der **Markteinsteiger** hat niedrige Scores sowohl bei Kompetenzen als auch bei Ressourcen. Demnach hat er bisher weder besondere Fähigkeiten im maritimen Dienstleitungsmarkt gewonnen, noch weist er besondere Verfügbarkeiten von Ressourcen auf. Er muss grundsätzlich versuchen, seine Kompetenzen und Ressourcen auszubauen, um sich so am Markt differenzieren zu können. Erst die Definition und der Aufbau klarer Kernkompetenzen ermöglicht es ihm, als Dienstleistungsanbieter im Offshore-Windenergiemarkt zu agieren.

Der **Anbieter für kompetenzbasierte Dienstleistungen** hat hohe Scores bei Kompetenzen, jedoch niedrige Scores bei Ressourcen. Demnach hat er sehr tiefes Wissen über die maritime Industrie und sich bereits spezielle Fähigkeiten innerhalb der Offshore-Windenergiebranche angeeignet. Allerdings fehlen ihm die nötigen Ressourcen, um bestimmte Dienstleistungen wie Personen- und Materialtransporte oder Wartung und Reparatur durchzuführen.

Der **Anbieter für ressourcenbasierte Dienstleistungen** hat niedrige Scores bei Kompetenzen, jedoch hohe Scores bei Ressourcen. Dies bedeutet, dass er bereits viele Ressourcen besitzt oder das benötigte Kapital vorhanden ist, um Ressourcen kurzfristig zu akquirieren. Für die Durchführung komplexer Dienstleistungen wie Wartungs- und Reparaturarbeiten an Offshore-Windenergieanlagen fehlen jedoch das benötigte Wissen und die benötigten Fähigkeiten.

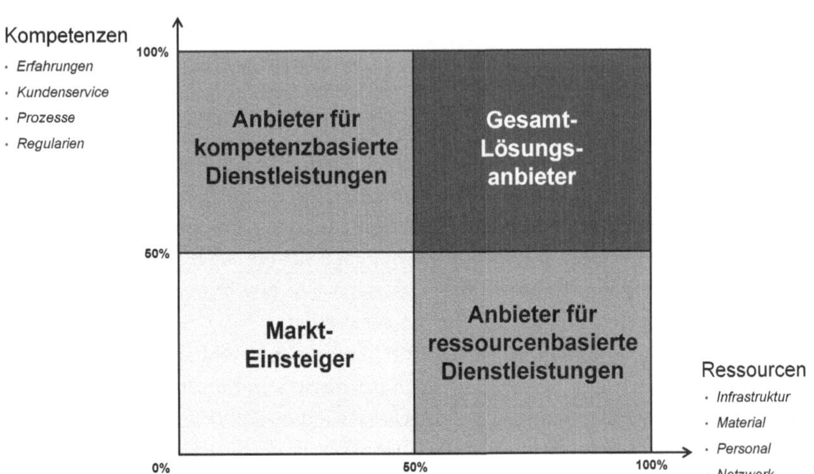

Abb. 3.2 Kompetenzen-Ressourcen-Matrix

Der **Gesamt-Lösungsanbieter** kann grundsätzlich jede Dienstleistung eigenständig durchführen. Für welche Dienstleistung sich ein Unternehmen entscheidet, hängt von der Größe des Unternehmens und den gegebenen Strukturen sowie von der Unternehmensstrategie ab. Das Angebot aller oben identifizierten Dienstleistungen durch einen Anbieter erscheint unrealistisch. Ein systematischer Aufbau eines eingeschränkten Dienstleistungsportfolios ist im Falle des Gesamt-Lösungsanbieters ratsam.

Durch die Analyse der Kompetenzen und Ressourcen kann für jeden Marktteilnehmer eine Position in der Kompetenzen-Ressourcen-Matrix ermittelt und ein **konkretes Dienstleistungsangebot definiert** werden. Im Folgenden wird die Systematik anhand des **Beispiels einer Werft** erläutert.

Beispiel

Eine Werft möchte als Dienstleistungsanbieter in der Offshore-Windenergiebranche auftreten. Hierzu muss sie zunächst ermitteln, welche Dienstleistungen sie anbieten kann und welche nicht. Sie verwendet das in diesem Beitrag entwickelte Vorgehen zur Analyse der eigenen Kompetenzen und Ressourcen. Hierfür erstellt die Werft eine Übersicht aller erforderlichen Ressourcen und Kompetenzen. Diese haben wir bereits in Abschn. 3.2 beschrieben. Sie wertet nun aus, welche Kompetenzen und Ressourcen ihr zur Verfügung stehen.

Die Werft hat die Scores 30 % bei Erfahrung, 60 % bei Kundenservice, 47 % bei Prozesse und 53 % bei Regularien. Im Durschnitt hat die Werft bei Kompetenzen einen Score von 48 %. Das heißt sie besitzt 48 % aller möglichen Kompetenzen, die für die Durchführung von Dienstleistungen im Betrieb von Offshore-Windenergieanlagen benötigt werden. Bei Ressourcen hat die Werft die Scores 75 % bei Infrastruktur, 74 % bei Material, 53 % bei Personal und 63 % bei Netzwerk. Bei Ressourcen hat die Werft einen durchschnittlichen Wert von 66 %.

Nachdem das Unternehmen die Scores für Kompetenzen und Ressourcen ermittelt hat, kann es sich auf der Kompetenzen-Ressourcen-Matrix einordnen. Die Werft ist als Anbieter für ressourcenbasierte Dienstleistungen einzuordnen. Ihre Stärken liegen somit vor allem in der Verfügbarkeit von Infrastruktur und Material. Je nachdem welche Dienstleitungen durch die Werft angeboten werden, besteht Verbesserungspotenzial in der Aneignung von Fähigkeiten und Branchenwissen.

Abschließend muss die Werft entscheiden, welche Dienstleistungen sie anbietet und welche bewusst nicht. Nachdem die Werft sich klassifiziert hat, kann sie demnach beginnen, ihr Dienstleistungsportfolio zu gestalten. Dabei kann sie sich an den möglichen Dienstleistungsportfolios orientieren, die wir nachfolgend für die vier Anbieterklassen beschreiben.

Basierend auf der Analyse des Marktpotenzials haben wir **für jeden Anbietertyp Dienstleistungsportfolios ermittelt**, die das größte Potenzial für jeden Anbietertypen darstellen. Dabei wird unterschieden, ob ein Anbieter eine Dienstleistung selber durchführen kann oder sich zunächst noch weiterentwickeln muss, da nötige Kompetenzen oder Ressourcen zur Selbstausführung fehlen. **Die Dienstleistungsportfolios sehen wie folgt aus:**

- Der **Markteinsteiger** muss sich grundsätzlich weiterentwickeln um Dienstleistungen eigenständig durchzuführen. Er hat im Vergleich zu den anderen Anbieterklassen niedrige Scores bei Kompetenzen und Ressourcen. Um sich dennoch im Dienstleistungsgeschäft der Offshore-Windenergiebranche zu positionieren, kommt zunächst ein Teilangebot an industriellen Dienstleistungen in Frage. Aufbauend auf diesem Angebot, kann der Markteinsteiger sein Dienstleistungsportfolio weiterausbauen, während er weitere Ressourcen und Kompetenzen gewinnt.
- Der **Anbieter für kompetenzbasierte Dienstleistungen** kann in erster Linie Dienstleistungen durchführen, die ein hohes Maß an Spezialwissen und Fähigkeiten voraussetzen. Beispiele sind Dienstleistungen wie Weiterentwicklung

von Windparkkomponenten und an Wasserfahrzeugen, Logistikberatung, Inspektion, Schadensdokumentation und Gutachtenerstellung, Sicherheitstrainings und Service Supply Chain Management. Sollten für bestimmte Dienstleistungen Ressourcen benötigt werden, die das Unternehmen nicht besitzt, können diese gegebenenfalls übergangsweise gemietet, geleast bzw. gechartert werden.

- Der **Anbieter für ressourcenbasierte Dienstleistungen** kann in erster Linie Dienstleistungen durchführen, die eine hohe Verfügbarkeit von Ressourcen voraussetzen. Beispiele für solche Dienstleistungen sind Offshore-Materialversorgung, Abfälle und Entsorgung, Crew Transfer Vessel Transport, Wohnschifftransport, Helikoptertransport, Personenunterbringung auf einer Wohnplattform oder einem Wohnschiff, Wartung und Reparatur von Windparkkomponenten und an Wasserfahrzeugen sowie Repowering. Nur qualifiziertes Personal sowie spezialisierte Transportmittel und Werkzeuge sind für die Durchführung dieser Dienstleistungen geeignet.

- Der **Gesamt-Lösungsanbieter** kann grundsätzlich jede Dienstleistung anbieten. Aufgrund der großen Anzahl an unterschiedlichen Dienstleistungen ist allerdings eine Eingrenzung innerhalb des eigenen Portfolios empfehlenswert. Das Angebot einer großen Anzahl an Dienstleistungen ist in der Regel zu ressourcenintensiv für ein einzelnes Unternehmen. Vielmehr empfiehlt es sich als Generalunternehmen aufzutreten, wobei das eigene Lösungsgeschäft als Kerngeschäft spezifiziert wird und die anderen relevanten Leistungen von Subunternehmen vollbracht werden. So kann der Gesamt-Lösungsanbieter beispielsweise als Lösungsanbieter für maritime Logistik oder als Lösungsanbieter für Wartungs- und Reparaturarbeiten an Windparkkomponenten auftreten. Der Generalunternehmer ist direkter Ansprechpartner für den Kunden. Er setzt seine eigenen Ressourcen im Kerngeschäft ein und koordiniert die Leistungserstellung der Subunternehmen.

Wie beim Gesamt-Lösungsanbieter geschildert, können auch in den anderen Dienstleistungsportfolios Teilprozesse einer Dienstleistung durch **externe Anbieter** durchgeführt werden. Wenn ein Unternehmen nicht über die benötigten Kompetenzen und Ressourcen verfügt, um eine Dienstleistung komplett eigenständig durchzuführen, kann es bestimmte Aufgaben durch andere Unternehmen durchführen lassen. Hierdurch kann es die Dienstleistung trotz eines Mangels an Kompetenzen oder Ressourcen anbieten (Rusch 2014, S. 33 f.). Als Beispiel möchten wir hier den Wohnschiffbetrieb nehmen. Angenommen ein Anbieter verfügt über ein Wohnschiff und das benötigte Personal für die Bereiche Nautik, Technik und Deck, um diese Dienstleistung anzubieten. Jedoch verfügt es nicht über Personal für den allgemeinen Dienst. In diesem Fall kann der Anbieter den allgemeinen

Dienst von einem externen Unternehmen durchführen lassen, während es sich selbst komplett auf die Bereederung des Wohnschiffs konzentriert.

Wie oben beschrieben, müssen Unternehmen der maritimen Industrie ihre eigenen Kompetenzen und Ressourcen analysieren und entscheiden, welche Dienstleistungen sie anbieten können und welche bewusst nicht. Gegebenenfalls muss ein Anbieter seine Kompetenzen weiterentwickeln oder neue Ressourcen akquirieren, bevor eine bestimmte Dienstleistung in das Dienstleistungsportfolio aufgenommen werden kann. Wenn das fertige Dienstleistungsportfolio erstellt wurde, muss der **Aufbau des neuen Geschäftsfelds im Unternehmen gesteuert werden**. Hierzu stellen wir in Kap. 4 ein Steuerungskonzept vor.

Steuerungskonzept zum Aufbau des Dienstleistungsgeschäfts

4.1 Der Aufbau eines Geschäftsfelds erfolgt in Stufen

Der Aufbau des Dienstleistungsgeschäfts im Unternehmen **erfolgt in drei Stufen**. Durch die vorangegangene Kompetenz- und Ressourcenanalyse können Unternehmen der maritimen Industrie einschätzen, welche Dienstleistungen für sie in Frage kommen. Je nachdem wie stark bestimmte Kompetenzen und Ressourcen in einem Unternehmen ausgeprägt sind, ist das Angebot einer bestimmten Dienstleitung besser geeignet als für andere Dienstleistungen. Ein Unternehmen muss bei dem Angebot einer Dienstleistung für sich entscheiden, zu welchem Grad es diese am Markt tatsächlich ausübt. Hierzu haben wir in Anlehnung an Horváth et. al (2010) drei Angebotsstufen definiert: traditioneller Produktanbieter, dienstleistungsorientierter Produzent und Gesamtlösungsanbieter.

Unternehmen der Angebotsstufe 1 („**Traditioneller Produktanbieter**") konzentrieren sich hauptsächlich auf ihr Kerngeschäft. Dieses ist bei Werften beispielsweise der Schiffbau, bei Reedereien die Schifffahrt. Zusätzliche Dienstleistungen werden nur geringfügig angeboten und auch nur, wenn sie zur Aufrechterhaltung des Produktgeschäfts dienen. Unternehmen der Angebotsstufe 2 („**Teillösungsanbieter**") dagegen sehen Dienstleistungen als eigenständige Erlösquelle an und versuchen sich über eben diese Leistungen im Wettbewerb zu differenzieren. Unternehmen der Angebotsstufe 3 („**Gesamtlösungsanbieter**") bieten Produkt und Dienstleistungen als auf den Kunden abgestimmtes „Leistungsbündel" an und offerieren ihren Kunden damit individuelle Lösungen (Abb. 4.1).

Damit Unternehmen der maritimen Industrie das zuvor ermittelte Dienstleistungspotenzial in der Offshore-Windenergiebranche nutzen können, brauchen sie

© Springer Fachmedien Wiesbaden 2015
M. Seiter et al., *Maritime Dienstleistungen*, essentials,
DOI 10.1007/978-3-658-09047-0_4

Abb. 4.1 Die Weiterentwicklung zum „Lösungsanbieter" erfolgt in Stufen

ein Steuerungskonzept, welches den **Umsetzungserfolg der angebotenen Dienstleistungen misst und Maßnahmen vorgibt.** Das hierzu durch uns entworfene Steuerungssystem besteht aus drei Komponenten: strategische Unternehmensziele, ein Kennzahlensystem zur Steuerung des Erreichungsgrades der Ziele und ein Maßnahmenkatalog.

Strategische Unternehmensziele lassen sich aus der zuvor beschriebenen Kompetenz- und Ressourcenanalyse ableiten. Durch die Berücksichtigung der eigenen Stärken und Schwächen lassen sich konkrete Ziele zum Angebot einer bestimmten Dienstleistung definieren. Hierzu haben wir die für die maritime Industrie relevanten strategischen Ziele in vier Perspektiven unterteilt: Finanzperspektive, Kundenperspektive, Prozessperspektive und Ressourcenperspektive. Wir haben diese Perspektiven in Anlehnung an die traditionelle Balanced Scorecard erstellt (Horváth 2012).

Die abgeleiteten strategischen Ziele **gelten grundsätzlich für jede Angebotsstufe**. Unternehmen müssen für sich selbst definieren, welche Priorität sie unterschiedlichen Zielen zuordnen. Wir empfehlen eine Unterteilung in drei Prioritätsstufen: Stufe 1 hat die höchste Priorität, Stufe 2 mittlere Priorität und Stufe 3 niedrige Priorität. Insbesondere die Ziele der Priorität 1 sollten von Unternehmen jeder Angebotsstufe in die Unternehmensstrategie eingebunden werden. Allerdings ist es empfehlenswert für Unternehmen der Angebotsstufe 1 oder 2, sich auf einige wenige Ziele zu fokussieren, solange das eigene Dienstleistungsgeschäft noch nicht vollständig ausgebaut wurde. Ein Unternehmen der Angebotsstufe 1 sollte sich vor allem auf Ziele mit der Priorität 1 konzentrieren, während Unternehmen der Angebotsstufe 2 auch weitere Ziele betrachten sollten (beispielsweise Ziele mit der Priorität 1 und 2). Unternehmen der Angebotsstufe 3 sollten alle Ziele in ihre Unternehmensabläufe mit einbeziehen. Welche Ziele ein jedes Unternehmen aber tatsächlich betrachtet, ist vom Management des jeweiligen Unternehmens individuell zu entscheiden.

4.2 Die Balanced Scorecard als Grundlage zur Steuerung für den Aufbau des Geschäftsfelds

Als Instrument zur strategischen Planung und Steuerung von Unternehmen zur Umsetzung von strategischen Zielen dient die **Balanced Scorecard**. Mithilfe der Balanced Scorecard lassen sich Strategien in operative Pläne umsetzen. Sie ist ein strategisches Managementsystem, mit dem sich die Umsetzung der Unternehmensstrategie bzw. das Angebot maritimer Dienstleistungen langfristig sichern lässt.

Die **hier verwendete Fassung der Balanced Scorecard** umfasst vier Steuerungsperspektiven: Finanzperspektive, Kundenperspektive, Prozessperspektive und Ressourcenperspektive. Die maritime Industrie ist besonders ressourcenintensiv. Wie unsere Ausführungen der Offshore-Dienstleistungen zeigen, werden für eine Vielzahl der Dienstleistungen spezielle Schiffe wie Schiffe oder Helikopter und Fachpersonal benötigt. Diesen Ressourcen liegen in der Regel hohe Investitionen zu Grunde, die die Unternehmen zunächst tätigen müssen, um ihr Dienstleistungsportfolio am Markt anbieten zu können. Desweiteren ist aufgrund der hohen benötigten Verfügbarkeit der Offshore-Windenergieanlagen auch eine hohe Verfügbarkeit von Material und Personal durch die Dienstleister zu gewährleisten. Die nachfolgende Graphik zeigt **eine beispielhafte Balanced Scorecard** für ein Unternehmen der maritimen Industrie. Sie enthält 14 strategische Ziele, welche dem Aufbau des neuen Geschäftsfelds zu Grunde liegen.

Die Zielerreichung der strategischen Ziele kann durch **Kennzahlen** gemessen werden. Jedem strategischen Ziel wurden eine oder mehrere Kennzahlen zugeordnet, um den Umsetzungsgrad zu messen. Unternehmen können diese Kennzahlen nutzen, um die Umsetzung ihrer Strategie zu kontrollieren.

Unternehmen können nun für jede Kennzahl **Soll-Werte definieren**, die die Zielsetzung der Strategie widerspiegeln. Unternehmen vergleichen diesen Soll-Wert mit dem **aktuellen Ist-Wert**. Solange der Soll-Wert nicht unterschritten wird, besteht kein Handlungsbedarf für ein Unternehmen. Wenn der Ist-Wert jedoch unter dem angestrebten Soll-Wert liegt, sollte das jeweilige Unternehmen aktiv einschreiten, um den Ist-Wert zu verbessern. Dabei können Unternehmen zusätzlich Worst-Case Werte definieren. Diese Werte stellen die absolut schlechtesten Werte dar, die während der Durchführung einer Dienstleistung erreicht werden dürfen. Wenn diese Werte erreicht oder gar unterschritten werden, besteht überaus dringender Handlungsbedarf auf Seiten der Unternehmen.

Zur Veranschaulichung des Erreichungsgrads der Unternehmensziele empfehlen wir die Verwendung eines **Ampel-Systems**. Dieses zeigt farblich an, ob ein gesetztes Ziel erreicht wurde oder Handlungsbedarf auf Seiten des Unternehmens besteht. Wenn der Soll-Wert erreicht wurde, schaltet sich die Ampel auf Grün. Wenn der Ist-Wert zwischen dem Best- und dem Worst-Case Wert liegt, schaltet sich die Ampel auf Gelb. In diesem Fall besteht Handlungsbedarf auf Seiten des Unternehmens, damit der Ist-Wert wieder an den Soll-Wert herangeführt wird. Wenn der Worst-Case Wert erreicht oder sogar unterschritten wurde, schaltet sich die Ampel auf Rot. In diesem Fall besteht sehr großer Handlungsbedarf auf Seiten des jeweiligen Unternehmens.

4.3 Ziele, Kennzahlen und Maßnahmen

Nachfolgend **beschreiben wir strategische Ziele, Kennzahlen und Maßnahmen** für die in Abb. 4.2 aufgezeigte beispielhafte Balanced Scorecard. Dabei beginnen wir bei der Perspektive „Ressourcen" und schließen die Diskussion mit der Perspektive „Finanzen" ab.

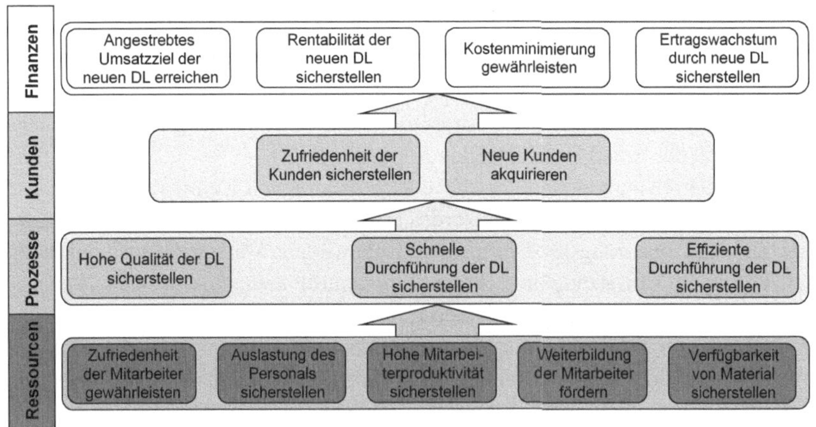

Abb. 4.2 Beispielhafte Balanced Scorecard

Perspektive „Ressourcen"

Das Ziel **„Zufriedenheit der Mitarbeiter gewährleisten"** wird durch die Kennzahl Mitarbeiterzufriedenheit erfasst. Diese wird in einer Durchschnittsnote angegeben und durch eine anonyme Mitarbeiterbefragung erhoben. Mögliche Maßnahmen sind neben der regelmäßigen Aufnahme von Feedback der Mitarbeiter auch Einbindung der Mitarbeiter in Entwicklungsprozesse des Unternehmens. Hierdurch besteht die Möglichkeit für Mitarbeiter, Verbesserungsvorschläge zu geben.

Das Ziel **„hohe Mitarbeiterproduktivität sicherstellen"** wird durch die Kennzahl Mitarbeiterproduktivität erfasst, gemessen am Gewinn pro Mitarbeiter in Euro. Als denkbare Maßnahmen können zum Einen regelmäßiges Feedback der Mitarbeiter eingeholt und Mitarbeiter in die Prozessentwicklung eingebunden werden. Zum anderen können Anreizsysteme für die Mitarbeiter etabliert werden.

„Weiterbildung der Mitarbeiter im Zusammenhang der neuen Dienstleistung fördern" wird durch die Kennzahl strategische Aufgabendeckungsziffer gemessen. Diese ist definiert als Verhältnis der Mitarbeiter, die für die Durchführung der neuen Dienstleistung qualifiziert sind, zum angenommenen Bedarf an qualifizierten Mitarbeitern. Als Handlungsmaßnahme bieten sich Mitarbeiterschulung zur Weiterbildung der Mitarbeiter in Bezug auf das neue Dienstleistungsgeschäft an.

Das Ziel **„Verfügbarkeit von Personal sicherstellen"** wird durch die Kennzahlen technische und organisatorische Verfügbarkeit von Personal im Vergleich zum Planwert erfasst. Als Handlungsmaßnahme dient die Ursachenanalyse (Weshalb wurde die Plan-Verfügbarkeit nicht erreicht? Wurden zu wenige Mitarbeiter bereitgestellt?) und die Bereitstellung von mehr Personal.

Als Kennzahl für das Ziel **„Hohe Auslastung des Personals sicherstellen"** kann die zeitliche Auslastung des Personals verwendet werden, gemessen an den Ist-Einsatztagen pro Jahr relativ zu den Plan-Einsatztage pro Jahr. Maßnahmen sind die Ursachenanalyse (Weshalb wurde die Plan-Auslastung nicht erreicht?), eine regelmäßige Dokumentation der Auslastung sowie die Sicherstellung der Auslastung über angepasste Planungszeiträume.

Perspektive „Prozesse"

Die Ziele **„hohe Qualität der Dienstleistung sicherstellen"** sowie **„schnelle Durchführung der Dienstleistung sicherstellen"** sind abhängig von der Dienstleistung, die betrachtet wird. Beispielsweise kann die Qualität von Wartungs- und Reparaturarbeiten anhand von Reklamationen des Kunden gemessen werden, während die Qualität der Notfallversorgung nicht direkt gemessen werden kann. Grundsätzlich gelten hier als Maßnahmen einerseits die Ursachenanalyse und andererseits Mitarbeiterschulungen, um die individuellen Mitarbeiterkompetenzen zu steigern. Die schnelle Durchführung der Dienstleistungen kann grundsätzlich an der benötigten Durchführungszeit im Vergleich zur Plan-Zeit gemessen werden. Eine Angabe in Minuten oder Stunden ist hier nicht sinnvoll, da sich Durchführungszeiten beispielsweise je nach Lage der Windparks erheblich voneinander unterscheiden können. Als Maßnahmen können hier die Prozessaufnahme und Prozessoptimierung, z. B. durch Service Blueprinting, als auch die Ursachenanalyse verwendet werden.

Das Ziel „**Effiziente Durchführung der Dienstleistung sicherstellen**" wird durch die Kennzahl Durchführungskosten erfasst, gemessen an den Kosten der Durchführung der Dienstleistung relativ zu den Plankosten. Als Maßnahmen werden einerseits die Ursachenanalyse (Welche Prozessschritte verursachen zu hohe Kosten?) und andererseits die Anpassung der Plankosten verwendet, sobald erste Erfahrungen gesammelt wurden.

Perspektive „Kunden"

Für die Messung des Ziels „**Zufriedenheit der Kunden sicherstellen**" dient die Kennzahl Kundenzufriedenheit, gemessen am Feedback der Kunden, beispielsweise in Schulnoten. Als Maßnahmen können hier einerseits regelmäßiges Einholen von Feedback der Kunden sowie enger Kontakt des Vertriebs zu den Kunden dienen. Andererseits helfen auch Mitarbeiterschulungen dabei, die Qualität der Dienstleistung und damit die Kundenzufriedenheit zu verbessern.

Das Ziel „**neue Kunden akquirieren**" wird durch die Kennzahl Neukundenquote erfasst, gemessen an der Zahl der Neukunden relativ zur Gesamtzahl der Kunden (inklusive Neukunden). Als Handlungsmaßnahme können neue Geschäftskanäle aufgebaut werden, beispielsweise über das Internet, Seminare etc.

Perspektive „Finanzen"

Die Messung des Ziels „**angestrebtes Umsatzziel der neuen Dienstleistung erreichen**" wird durch die Kennzahl gesetztes Umsatzziel innerhalb einer Periode (z. B. ein Jahr) in Euro gemessen. Als Maßnahmen können die Ursachenanalyse und die Expansion auf ausländische Märkte verwendet werden.

Als mögliche Kennzahl für das Ziel „**Rentabilität der neuen Dienstleistung sicherstellen**" dient der Return on Investment (Gewinn geteilt durch Kapitaleinsatz). Auch hier werden als Maßnahmen die Ursachenanalyse und die Expansion auf ausländische Märkte verwendet.

Das Ziel „**Minimierung der Kosten während der Durchführung der Dienstleistung gewährleisten**" wird durch die Kennzahl Kosten während der Durchführung der Dienstleistung in Euro gemessen. Neben der Ursachenanalyse können hier externe Dienstleister, die die Prozessschritte kosteneffizienter durchführen und anbieten können, beauftragt werden, um Teilprozesse der Dienstleistung durchzuführen.

Das Ziel „**Ertragswachstum neuer Dienstleistungen sicherstellen**" wird durch die Kennzahl Wachstumsrate des Umsatzes neuer Dienstleistungen in einer bestimmten Periode (z. B. 2014–2020) gemessen. Einerseits können Unternehmen als Handlungsmaßnahme auf neue Märkte expandieren. Andererseits kann eine Anpassung des Dienstleistungsangebots an den Marktbedarf vorgenommen werden. Hierzu muss vor allem der Vertrieb geschult werden, sich auf die neuen Dienstleistungen zu fokussieren.

Gesamtfazit 5

Was kann der Leser aus diesem Buch mitnehmen?
Wir haben gezeigt, wie Unternehmen der maritimen Industrie ein Dienstleistungs-geschäft für die Offshore-Windenergie aufbauen können. Insbesondere für Werften und Reedereien sowie deren Zulieferer bietet sich hierdurch die Möglichkeit, ihr traditionelles Geschäft um das Angebot von Dienstleistungen während des Be-triebs von Offshore-Windenergieanlagen zu erweitern.

In Kap. 1 haben wir zunächst grundsätzlich analysiert, welche **Chance die Energiewende** und der damit verbundene Ausbau der Offshore-Windenergie in Deutschland **für Werften und Reedereien sowie deren Zulieferer** bietet. In die-sem Zusammenhang haben wir erklärt, weshalb sich diese Unternehmen weiter-entwickeln müssen, um Dienstleistungen in der Offshore-Windenergiebranche anzubieten.

In Kap. 2 haben wir das **komplette Angebot potenzieller Dienstleistungen** in der Offshore-Windenergiebranche aufgezeigt. Wir haben acht industrielle Dienst-leistungsgruppen in der Betriebsphase der Offshore-Windparks identifiziert: Wei-terentwicklung, Materialtransport, Personentransport, Personenunterbringung, Materialbevorratung, Wartung und Reparatur, Begutachtung sowie Safety und Security. Diese haben wir daraufhin im Detail beschrieben, so dass die Leser ein vollständiges Verständnis über die Dienstleitungen erlangen.

In Kap. 3 haben wir aufgezeigt, **welche Kompetenzen Unternehmen der maritimen Industrie benötigen,** um Dienstleistungen in der Offshore-Windener-giebranche anzubieten. Dabei haben wir erst alle relevanten Kompetenzbereiche und Ressourcenkategorien aufgezeigt. Danach haben wir für jede Dienstleistung detailliert beschrieben, welche Kompetenzen und Ressourcen für die Durchfüh-

© Springer Fachmedien Wiesbaden 2015
M. Seiter et al., *Maritime Dienstleistungen*, essentials,
DOI 10.1007/978-3-658-09047-0_5

rung erforderlich sind. Abschließend haben wir ein Vorgehen zur Kompetenz- und Ressourcenanalyse vorgestellt, mit dem sich Werften, Reedereien und Zulieferer maritimer Unternehmen eigenständig auf das Angebot der Dienstleistungen hin analysieren können. Aufbauend auf dieser Analyse ist es nun für jedes dieser Unternehmen möglich, **ein individuelles Dienstleistungsportfolio zu erstellen**.

In Kap. 4 haben wir aufgezeigt, wie der **Aufbau des Dienstleistungsgeschäfts gesteuert werden kann**. Als Steuerungsinstrument haben wir eine modifizierte Balanced Scorecard vorgeschlagen. Durch eine ausführliche Beschreibung der Unternehmensziele, Kennzahlen und Maßnahmen zur Erreichung der Ziele, können Geschäftsführer von Werften, Reedereien und deren Zulieferer nun den Umsetzungserfolg des Dienstleistungsgeschäfts sicherstellen.

Was folgt nach dem Aufbau des neuen Geschäftsfelds?
In diesem Buch haben wir gezeigt, wie Werften, Reedereien und deren Zulieferer ihr Dienstleistungsgeschäft aufbauen können. Wenn ein Unternehmen das neue Geschäftsfeld aufgebaut hat, folgt die Steuerung des Tagesgeschäfts. Hierbei existieren unterschiedliche Handlungsfelder, innerhalb derer Unternehmen Entscheidungen treffen müssen.

Hier möchten wir auf das Fachbuch „Industrielle Dienstleistungen – Wie produzierende Unternehmen ihr Dienstleistungsgeschäft aufbauen und steuern" (Seiter 2013) verweisen. Dort werden wesentliche Fragen zur Steuerung des Dienstleistungsgeschäfts beantwortet, wie bspw.:

- Welche Leistungsinformationen benötigen wir, um das Dienstleistungsgeschäft zu steuern?
- Welche Anreize setzen wir, damit alle beteiligten Personen zum Erfolg des Dienstleistungsgeschäfts beitragen?

Durch den erfolgreichen Aufbau des Dienstleistungsgeschäfts und dessen kontinuierlicher Steuerung können sich Unternehmen der maritimen Industrie neue Umsatz- und Gewinnpotenziale erschließen, die dazu genutzt werden können, im harten Wettbewerb dieser Branche zu bestehen.

Literatur

Bass, H., & Ernst-Siebert, R. (2007). Deutschlands maritime Wirtschaft – Vom altindustriellen Sorgenkind zur Zukunftsbranche: die Rolle der KMU. *Innovation Management, 2007(2)*.

Berkhout, V., Faulstich, S., Görg, P., Kühn, P., Linke, K., Lyding, P., Pfaffel, S., Rafik, K., Rohrig, K., Rothkegel, R., Stark, E., & Witte, J. (2013). Windenergie Report Deutschland 2012. Fraunhofer Institut für Windenergie und Energiesystemtechnik (IWES).

BMI. (2009). Nationale Strategie zum Schutz kritischer Infrastrukturen (KRITIS-Strategie). Berlin: Bundesministerium des Innern. 17. Juni 2009.

BWE-Marktübersicht spezial. (2010). Hotelschiff mit Kran und Gangway: REpower will als Dienstleister Größe zeigen. BWE-Marktübersicht spezial: Offshore Service & Wartung, 1. Ausg., Bundesverband WindEnergie e.V., Berlin, September 2010, 38–41.

EEG. (2014). Gesetz für den Ausbau erneuerbarer Energien (Erneuerbare-Energien-Gesetz – EEG 2014). Bundesministerium der Justiz und für Verbraucherschutz in Zusammenarbeit mit der juris GmbH, Berlin, 21. Juli 2014.

Engelmann, L. (2011). Herausforderungen bei der Projektierung, Errichtung und Betrieb von Offshore Windkraftanlagen. Head of Maritime Operations & Logistics, Vattenfall Europe Windkraft GmbH, 1. Berliner Symposium des Bereichs Schiffs- und Meerestechnik an der TU Berlin, Berlin, 18. Februar 2011.

Freiling, J. (2004) A competence-based theory of the firm. *Management Revue, 15*(1)27–52.

Holbach, G., & Stanik, C. (2012a). Auf dem Weg zum Lösungsanbieter für den Betrieb von Offshore-Windparks. In: Ingenieurspiegel: Fachmagazin für Ingenieure, Bahntechnik und Schiffstechnik, Ausg. 2, Mai 2012, 87–88.

Holbach, G., & Stanik, C. (2012b). Betrieb von Offshore-Windparks – Maritime Dienstleistungspotenziale. *Internationales Verkehrswesen, 64*(6)31–33.

Horváth, P. (2011). *Controlling,* (12th Aufl.). München: Verlag Franz Vahlen GmbH.

Horváth, P., & Seiter, M. (2012). Steuerung des Transformationsprozesses zum Lösungsanbieter – Entwicklung eines spezifischen Performance Measurement-Systems. *Zfbf Sonderheft, 65*(12)25–44.

Horváth, P., Gamm, N., Gille, C., Schwab, C., & Seiter, M. (2010). Das Stufenkonzept zum Lösungsanbieter – Ergebnisse einer empirischen Studie. IPRI Research Paper Nr. 30, Stuttgart, 2010.

© Springer Fachmedien Wiesbaden 2015

M. Seiter et al., *Maritime Dienstleistungen,* essentials,

DOI 10.1007/978-3-658-09047-0

Lüers, S., Wallasch, A.-K., & Rehfeldt K. (2014). Status des Offshore-Windenergieausbaus in Deutschland, Deutsche WindGuard GmbH, 1. Halbjahr 2014. http://www.offshore-windenergie.net/images/documents/factsheets/Fact_Sheet_Status_ Offshore_Windenergieausbau_1._Halbjahr_2014.pdf. Zugegriffen 20. Okt. 2014.

Rusch, M. (2014). Vorgehen zur Gestaltung des Dienstleistungsportfolios von maritimen Unternehmen während des Betriebs von Offshore-Windenergieanlagen. IPRI Praxis Paper Nr. 8, Stuttgart, 2014.

Seiter, M. (2013). *Industrielle Dienstleistungen – Wie produzierende Unternehmen ihr Dienstleistungsgeschäft aufbauen und steuern.* Wiesbaden: Springer, Gabler.

Stanik, C., & Holbach, G. (2013). Offshore-Solutions Supply Concept Decision Finder: Modelling O & M Concepts for the Operation of Offshore Wind Farms (OWF). OM-WINDENERGY Germany 2013, Operation & Maintenance (Spotlights), Berlin, 8th/9th October 2013.

Stanik, C., Becher, A., & Holbach, G. (2013a). „Offshore-Solutions" Dienstleistungskatalog: Maritime Dienstleistungspotenziale während des Offshore-Windparkbetriebs. In: Holbach, G., Stanik, C., & Eckert, C. (Hrsg.), *Maritime Lösungen für die Offshore-Windparkversorgung* (S. 20–45). Berlin: Universitätsverlag der TU Berlin.

Stanik, C., Hänke de Cansino, L., & Holbach, G. (2013b). „Offshore-Solutions" Supply Concept Decision Finder: Modellierung und Evaluation von Offshore-Versorgungskonzepten. In: Holbach, G., Stanik, C., & Eckert, C. (Hrsg.), *Maritime Lösungen für die Offshore-Windparkversorgung* (S. 97–122). Berlin: Universitätsverlag der TU Berlin.

StUK4. (2013). Standard: Untersuchung der Auswirkungen von Offshore-Windenergieanlagen auf die Meeresumwelt (StUK4). Bundesamt für Seeschifffahrt und Hydrographie (BSH), BSH-Nr. 7003, Hamburg und Rostock, Oktober 2013.

THB. (2013). Potenziale für maritime Dienstleister. *THB Deutsche Schiffahrtszeitung, 2013,* 3.

VDR. (2014). Daten der deutschen Seeschifffahrt – Ausgabe 2014. http://www.reederverband.de/fileadmin/vdr/pdf/daten/VDR-Daten_und_Fakten_2014.pdf. Zugegriffen 20. Okt. 2014.

VSM. (2014). VSM-Jahresbericht 2013/2014. http://www.vsm.de/VSMWS/publications. xhtml. Zugegriffen 20. Okt. 2014.